U0806709

# 废墟上开出鲜花

BRIGHT FLOWERS
BLOOM
ON THE RUINS

—

## 自然、冲突与应对

牟笛　陈安◎著

华龄出版社
HUALING PRESS

图书在版编目（CIP）数据

废墟上开出鲜花：自然、冲突与应对 / 牟笛，陈安著. -- 北京：华龄出版社，2025. 5. -- ISBN 978 - 7 - 5169 - 2958 - 2

Ⅰ. X4

中国国家版本馆 CIP 数据核字第 2025AM1340 号

**责任编辑：** 梁玉刚　　**责任印制：** 李未圻

**责任校对：** 张春燕　　**装帧设计：** 博克思文化

| | | | |
|---|---|---|---|
| 书　名 | 废墟上开出鲜花：自然、冲突与应对 | 作　者 | 牟　笛　陈　安 |
| 出　版<br>发　行 | 华龄出版社 HUALING PRESS | | |
| 社　址 | 北京市东城区安定门外大街甲 57 号 | 邮　编 | 100011 |
| 发　行 | （010）58122255 | 传　真 | （010）84049572 |
| 承　印 | 三河市华东印刷有限公司 | | |
| 版　次 | 2025 年 5 月第 1 版 | 印　次 | 2025 年 5 月第 1 次印刷 |
| 规　格 | 710mm×1000mm | 开　本 | 1/16 |
| 印　张 | 11 | 字　数 | 150 千字 |
| 书　号 | ISBN 978 - 7 - 5169 - 2958 - 2 | | |
| 定　价 | 60. 00 元 | | |


**版权所有　翻印必究**

本书如有破损、缺页、装订错误，请与本社联系调换

# 序

中国有着幅员辽阔的国土，不同区域在地理和气候上有着巨大差异，不同区域人群的性格也迥然不同。我们常说，燕赵大地常有慷慨悲歌之士，西北的朋友则有豪迈的性格，东北和西北又不同，更多表现为幽默风趣。再具体点，比如，湘西镇竿人的性格就非常倔强刚硬，连沈从文这样有文人气质的作家都是先当兵后习文。我们的老家山东也是，文学作品《水浒传》就是基于鲁西南梁山郓城一带的彪悍民风而写就，“路见不平一声吼”的个性经年不断流传和强化。

气候的影响，从积极的一面说，会形成江南的温婉、大漠的浩瀚，且人如其域；从消极的角度看，那就是疾风知劲草，不同类型的恶劣气候也造就了该地区人民差异极大的性格特征。

换句话说，灾难性气候对于某一地理区域和居住于其地的人们影响很大。岳飞的悲剧，可以说是因为秦桧和宋高宗的决策失误或刻意刁难，也有人解释是因为宋朝正处于相对寒冷的时期。

我们研究灾难文化已经有了相当长的一段时间，因为日本的地震和火山等灾害频发，所以我们最初选择了它作为灾难文化研究的对象，将日本灾难文化阐述得非常详尽。我们对日本的灾难以樱花为主线进行了解读，出版了两本书，分别是《樱花残：灾难视角下的日本文化》

和《樱花开落：日本灾难与灾难日本》。写完这两部书后，团队成员觉得意犹未尽，因为比日本大得多的中国其实有更多类型的文化现象，尽管不一定每种都可以用灾难去解释，但是一定存在一些文化现象确实和灾难有着极强的相关性，以灾难为钥匙应该可以打开文化现象这把锁。我们就先写了《中国灾难文化：社会·历史·文艺》一书，2019 年在中国科学技术出版社出版发行。有趣的是，韩国的一个基金会联合几所大学的教授也在研究灾难文化现象，并且约我们撰写一本新的关于灾难文化的书，以韩文出版。

在本书中，我们先说了移民现象——有些移民是最典型的避灾行为，且更多是避水灾。第二部分对各地具有典型特色的生活现象进行解读，包括塞上草原、蜀道、首都风范等。第三部分则从不同风格的英雄角色出发，对区域差异明显的个性进行了分析。第四部分对中原、南方、东北、东南沿海等不同地区逐渐形成的灾难文化现象进行了刻画。最后一章回到现代，从科技治理风险、解决灾难生态环境的视角对未来可能成为文化现象的做法进行展望。

应急管理在我国逐渐成了显学，因为国家对安全的重视程度高了，而灾难文化研究有助于我们认识灾难会带来什么，这些都可以让我们透过现象找到本质，而本质就是解决风险的灾难起因的关键。

陈安

2023 年 2 月 10 日于北京

# 目　录

# 第一章　绪　论

## 第一节　从心灵到文化的记忆

文化是人类进入智人阶段后逐渐产生的一种精神活动。在文化诞生之前，人类已经经历了数百万年的生存和发展。随着人类有关生存能力、生活条件、组织关系、语言文字、艺术审美等经验知识的不断积累，文化逐渐形成。历史上，文化的形成过程极其漫长和困难。文化形成后，人类的精神和思维得以自由发展，人类拥有了无限的发展潜能。从此，人类自由的心灵在原始文化的汪洋中泛起无数智慧的浪花。在这一时期，各种悠久且神秘的行为和艺术开始出现，如占卜、祭祀、歌舞、绘画、雕塑、神话、传说等。同时，先人们迫切地想要去解释和探索改造世界的途径，科学和哲学的种子就此萌芽。有些文化痕迹已经消失在茫茫历史长河中，有些则被保存并延续至今。

人是有思想的动物，独特的思维能力将人类和其他动物区分开来。在从猿到智人的进化过程中，人类完成了从本能、经验到理性、主观的转变。人类开始追求精神上自我发展、自我体验、自我认识的升华。人类不断将自身的意识具象化，由此产生了无数意识上的矛盾，如善恶、正邪等。这些矛盾为人类文明的进步提供了必要的精神力量。这些精神力量形成了一种剥夺和被剥夺的力量制衡。人类除依靠、服从、恐惧文化的力量之外，更多地以文化来修身、养德、治天下。

在文化体系下，人类有了统一的世界观，意识的光芒驱散了周遭的黑暗。文化为人类提供了与大自然进行精神交流的手段。即便是现在看来极其荒谬的魔法和巫术，也是早期人类借助大自然的力量为自己服务的方式。很多挥之不去的哲学问题通过文化探寻到了答案。人类在基本认识问题上达成一致，开始在血缘和原始依附关系之外生成更具传承力和凝聚力的精神世界。作为宏伟宇宙的一粒尘埃，人类在面对深渊和太空时不再迷茫和恐慌，取而代之的是确定性和安全感。人类在彼此的沟通和交流中将亘古不变的自然力量推到了至高的位置，如太阳、月亮、水源等。从遥远的鸿蒙初开至今，这些神秘而强大的自然力量不断地被敬仰着，最终沉淀成了定期举行、并世代相传的习俗和制度。随着农业生产活动对原始社会越来越重要，人类的仪式也越来越隆重，甚至成为他们生活中不可缺少的一部分。现在常见的一些娱乐活动也由此衍生而来，如唱歌、跳舞、过节日等。在这些活动中，一个个渺小的人类发现了一个由自己做主并使自己感到快乐的精神家园。人类的生命便在文化的驱使下，开始了为自己寻找和重建更好的家园，时至今日从未间断。

在漫长的文化孕育期间，人类不可避免地遭受各种灾难的侵袭。灾难暴露了人类社会的人文生态的脆弱性，塑造了人类的集体记忆和历史叙事。人类社会逐渐形成了在遭受天灾人祸时也必须遵守的秩序。灾难以一种激烈的形式呈现人与自然生态的互动关系。灾难带来的极端状况常常挑战人们的世界观，提出深刻的存在论问题，使得人类深入思考认识自然、改造自然的意义。在灾难频发之地，灾难经由人类的感觉、认知、实践逐渐深化为灾难文化。因此，灾难文化是人类生存不可或缺的组成部分。面对必然发生和必须应对的灾难，人类关于灾难的集体记忆具有了一种超时间的混融感。这种感官也从很大程度上刺激了灾难文化的萌生和发展。灾难文化不会因灾难的结束而终结，而是作为一种不断发展的常态延续下来。

灾难文化研究是一个历史分析路径，追溯和分析中华文明诞生至今，一代代中华儿女认知和应对灾难的方式及其演变过程。地方志、历史文献、经济数据、报纸期刊、回忆日记、诗歌、小说和各种影像资料显示：无论是过去、现在还是未来，灾难为文化提供素材。灾难和灾难文化在权力更迭、经济发展、环境变迁中发挥着长期而关键的作用。

在文化的起源阶段，灾难与其他自然现象一样，是普遍存在的诱发因子。但是在文化的固化阶段，灾难的作用就越发独特了。如果说地理、气候、水文等自然条件对文化的影响是循序渐进的，那么频繁的灾难对文化的巩固作用更像是一个模具，排除了文化发展的其他可能。灾难能够促成文化的繁荣。东汉末年的天下大乱成就了“建安七子”，三国残酷的纷争造就了“魏晋风骨”，隋唐的英雄乱世催生了盛唐文采，宋代的金戈铁马激发了豪放壮怀的词文。灾难过后文化繁荣的例子不胜枚举，二者之间是否存在必然的因果联系呢？元朝统一天下后，各地叛乱从未停止，但元朝没有迎来文化的大繁荣。相反，传统诗词从元朝开始凋敝，取而代之的是更加世俗化的表现形式，如元曲、小说等。由此可见，灾难促成了文化的变革，而不是必然的繁荣。灾难的冲击是强硬和深刻的，表现为文化内容、形式、意义的彻底变更。因而，灾难所造成的文化变更也最为直观。灾难通过冲击人类的心理、信仰、习俗，逐步对文化产生渐次渗透的作用，进而完成灾难文化的固化。

正如世间没有绝对的善恶，灾难的影响也不能片面地从有利或不利单方面去考量，应该从短期和长期的角度辩证地去思考问题。从短期来看，灾难会给人带来焦虑、恐惧、内疚、愤怒等情绪。经历了灾难的人们可能会感到不知所措和无助，甚至可能出现头痛、恶心、失眠等症状。面对灾难，人们也可能感到无能为力、无法应对。人们可能会因为无法控制自己的生活而感到沮丧和愤怒。人们也可能会感到内疚或羞耻，认为自己在某种程度上要对灾难负责。

灾难的冲击在短期内必然是惨痛和负面的。但是从长期来看，这种短期心理会固化为一种心理特征，造成不同群体在面对灾难到来时的态度各异。一些群体会担心自己和家人的安全，尽力采取预防措施，以减少灾难的影响。另一些群体可能会把灾难当作一种机遇，他们会利用灾难带来的机会来改善自己的生活。还有一些群体可能会拒绝承认灾难的存在，他们会把灾难当作一种谣言，不采取任何预防措施。

灾难文化的影响递进到了下一个阶段，就是在群体意识中固化。由于人们心态的改变，灾难发生后，人们会通过遗址、仪式、纪念等手段建构灾难记忆。例如，人们在灾难现场建造纪念碑来纪念受害者，举行仪式来纪念某一灾难事件。运用各种形式的媒介来记录灾难和警示后人，利用博物馆、图书馆、档案馆来为子孙后代保存有关灾难的资料。

## 第二节　从生存到发展的动力

无论是在新闻媒体还是娱乐媒体中，灾难这一话题都占据着主导地位。毕竟，新媒体已从根本上改变了人们获取知识和信息的方式和渠道，改变了人们对世界的关注点和对所见事物的感受。在小说《白噪音》中，作者唐·德里罗（Don Delillo）借小说人物之口，将人们对灾难题材的普遍兴趣解释为对情感神经反射衰弱的一种本能自然反应。[①]在信息爆炸的时代，麻木的人们极度渴求着“偶然灾难”信息中所蕴含的冲击力，人类社会和由人类影响的自然界被无穷无尽的白噪音所包裹。似乎只有极端事件才有可能冲破白噪音，抓住并束缚人们的感官。灾难的冲击力激活了人们进行文化传播的欲望。为了抵御灾难的影响，人们激活了自身进行文化传播的创造性。灾难激发人们利用新媒体技术来传播灾难的信息，与世界各地的人们分享经验。

媒体舆论是信息流的组合。虽然各种各样的灾难信息通过各种媒介平台影响着人们的思想，对于个人而言，个人的实际经历却很少。现代文明将大部分真实体验通过文字和影像转化为娱乐载体，削弱了灾难本身蕴含的复杂性、层次性、历史性，仅将灾难以一种能够转移注意力的方式呈现在大众眼前。例如，一些影视大作，通过悲壮的配乐、先进的情景模拟技术、精心编写的剧情，将观众的情感重心转向了一种模糊的状态中。观众虽有所触动，但始终是旁观者。作为娱乐的载体，灾难在某种程度上的确令人着迷，而且电影对灾难的解读在某种程度上必须是理想化的。很多影片除在开头打上“由真实事件改编”外，还会赋予灾难一种人类逻辑，如《2012》中的末日预言，《灭顶之灾》中的地球自我净化理论等。这样不仅是将灾难文化娱乐化了，而且由此改编的灾难本身也更符合人类的逻辑，也就更吸引人了。

如何解释这种吸引力？一方面，人类作为生物具有天生的适应性，会越发适应于身边发生的任何异常事件或威胁事件，并养成注意潜在危险的习惯。从而人们能够高度专注并保持兴奋，为战斗或逃脱做好准备。另一方面，当危险结束时，原本对灾难的恐惧感会变成一种复杂的

① 唐·德里罗. 白噪音［M］. 朱叶，译. 南京：译林出版社，2013：8-11.

情绪。灾难遭遇引发了恐慌和不安，激发了人们的自我保护机制。自我保护机制会使得人们产生愉悦感，源自生理愉悦的快感会令人着迷，甚至上瘾，吸引着人们寻求刺激，主动在“危险边缘”来回试探。例如，游乐园中刺激的游乐设施或电影中令人惊恐的场景，一方面保障人们免受实际风险的影响，另一方面又带来了刺激感，这种双重稳定使人们陷入一种单方面的愉悦中。

对于灾难题材的着迷并不意味着人类对不安和恐惧有所向往。恰恰相反，这种心理的沉迷表达了人们对灾难中稳定秩序的憧憬。生活在风险社会中，灾难之所以不断吸引着人们的注意力，是因为它为生存提供了机会。人们可以从灾难里感知和积累重建世界和重构生活的经验，体会“破而后立”的愉悦。这种破坏的景象是一种振奋人心的力量，让人们集中精力并充满活力，使人们对融入未来更有准备。

在病榻上度过人生最后八年光阴的德意志浪漫主义诗人海因里希·海涅（Heinrich Heine）曾经说过：“受苦的生活是最充实的生活。”心怀灾难之苦，才能感受生命的荣光。对于灾难文化的系统性阐述可以唤醒更多的人，而不仅仅是满足猎奇的心理，不仅仅是惊叹磅礴的末日，不仅仅是感伤不幸逝去的生命，不仅仅是敬畏大自然。灾难文化使人们感知到一桩桩、一件件的灾难都有可能发生在自己身上，让人们为此做好准备。灾难文化激发人们积极向上的生活，激活社会应灾、抗灾的力量，使人们能够调整情绪，获得新的知识，更好地应对灾难。灾难文化激活的群体力量可以改变社会状况，激励人们重新构建社会结构，促进社会发展。

## 第三节 从风险到机遇的挑战

随着现代社会的发展，文化越发打破传统而透露出复杂的欲望。一方面，文化寄托着人们对命运的期望和对人生的关注，能够指导、修正人们的物质生活和精神生活。对个人而言，正确的道德和价值观可以塑造高尚的人格；对于社会而言，美好的道德可以净化社会风气，培育良好的社会发展环境，保障社会的稳定发展，促进社会和谐。另一方面，文化的差异会引发冲突甚至战争，文化中的糟粕会腐蚀精神，甚至带有迷信色彩。

在小说《霍乱时期的爱情》中，作者加西亚·马尔克斯（Gabriel Garcia Márquez）讲述了长达半个多世纪的爱情故事。[①] 故事开始时，霍乱已经为祸多年，半个多世纪后，瘟疫带来的恐慌依然影响深远。和通常认知不同，马尔克斯在小说中用霍乱象征爱——它们能致人死于非命，也能让人感悟生命。他用令人恐惧的瘟疫影射爱情——爱情虽甜美，但亦让人生不如死，而生死的考验却也证明了爱情的真挚。人类虽恐惧现实灾难，但又因为灾难带来的不确定性而兴奋不已。

无论是中国传统文学中的瘟疫、旱涝，还是美国好莱坞大片中的天崩地裂、极度恐慌，人们通过文字和银幕熟识了这些场景。无数影视作品、游戏作品、新闻报道都说明，人类生活在灾难中，人类与灾难若即若离。但为什么人类对灾难会有又爱又恨的矛盾心理？灾难文化被不断传播、感知，就算有幸没有切身经历，但一旦打开电视机或手机，就会

① 加西亚·马尔克斯. 霍乱时期的爱情［M］. 杨玲，译. 海口：南海出版公司，2015：1-8.

看到那些戏剧性的破坏场景——台风袭击了沿海地区；一片火海笼罩着城市后的山林；滚滚洪水冲破堤坝、淹没乡村；千年古城火光冲天，犹如末世……这些无处不在的景象令人心悸，但同时它也像吸引飞蛾的灯火，拥有着致命的魅力，让人感叹自然的无情和生命轮回的壮阔。然而，更为引人注目的是灾难在文化方面的沉淀。大众对灾难题材的内容总是保持着创作的激情和欲望。换一个角度说，“物竞天择，适者生存”，无论是“鲇鱼效应”还是“苦其心志，劳其筋骨”，都透露出人类存续的一个核心理念——逆境中才能铸就坚韧的生存力。灾难就像必不可少的食物和水一样，人们需要并依赖着它。

通常情况下，由于灾难的破坏性及其对人类社会造成的恶劣影响，人们更多地从负面角度去思考灾难。但从客观上来讲，灾难确实伴随着机遇。回顾历史，人类社会的每次升级或进步都不可避免地经历着从破坏到重建、从毁灭到更新的过程。马克思主义哲学将其形容为“波浪式前进”或“螺旋式上升”；黑格尔用“aufheben”一词将其概括，翻译过来就是“扬弃”。我国的传统文化寻求将问题消弭或隐藏。但西方文化提倡让矛盾主动爆发出来。这种“直面问题”的态度也反映在灾难应对上。例如，达尔文的进化论将冲突和竞争当作生物进化的本质属性，美国学者萨缪尔·亨廷顿（Samuel Huntington）撰写了《文明的冲突与世界秩序的重建》，经济学家约瑟夫·熊彼特（Joseph Schumpeter）提出的“创造性毁灭”。所谓不破不立，在很多学者看来，人类文明之于灾难，正似某些疾病之于外科手术一样，需要先对健康机体造成一定程度的破坏才能最终治愈。西方文化也常将灾难视为道德、政治和经济复兴的源泉，例如，欧洲鼠疫和文艺复兴之间的关系。基于此，有理由怀疑如果没有长达数百年战乱和瘟疫的肆虐，西方是否会诞生工业文明主导下的现代社会秩序。反思将灾难转化为机遇的能力，不仅有助于解释我国在应对灾难中所铸造的民族信念，也有助于探究当今社会中普遍存在的困局，以及未来社会有可能出现的兴衰更迭。

在现代社会，人们越来越注意方方面面的安全问题。灾难文化从某种程度上为现代社会的安全奠定了强有力的文化基础。在现代应急管理中，存在着诸多令人不满意的问题，这些问题都需要通过灾难文化的深度介入来改善。优秀的灾难文化能够创造良好的应急管理环境，提高群体防灾减灾的素质，对内形成精神动力，对外提高社会韧性，是应急管理可持续发展中不可缺少的精神桥梁和道德纽带。灾难文化的优势主要体现在内部和外部两方面。

对内而言，文化为群体安全发展提供了精神动力。当今社会，任何一个社会组织形式都是一个兼收并蓄的文化场域。经过文化的熏染，政府能够主动引导社会成员的价值取向和行为选择，积蓄应急管理体系完善所需的能量，为群体的长远发展提供内部精神动力。一方面，灾难文化有利于塑造核心价值观念。灾难文化中所渗透的独特价值观和社会氛围可以填补道德、心理以及社会性成长的空缺。同时，文化营造的精神环境和气氛，能够培养社会成员的创造力。积极的心理诱导还能培养群体正确的应灾行为和习惯。灾难文化建立起的价值观念、规范、标准能够引导社会成员的群体心理，在潜移默化中形成共同的价值观念，从而引导所有成员向着既定的方向发展。特定的灾难文化通过共同的行为准则、习俗风尚、价值观念形成一种软约束力量。另一方面，灾难文化有利于增强凝聚力。群体要想提升自身的应急管理能力，最基本的前提之一是群体内部具有较强的凝聚力。灾难文化可以通过对全体成员的精神同化，把不同层次、不同背景、不同观念的成员团结起来，凝聚到共同的应急管理目标之下，使之产生统一、共享的价值观念。有活力的文化氛围就像一只“看不见的手”，调节着社会成员的思维模式和行为方式，使社会成员保持饱满的精神状态和积极向上的创新动力。灾难文化能够革新应急管理理念，并在潜移默化中影响社会成员的思维方式，提高群体的综合素质。

对外而言，灾难文化为社会经济的可持续发展创造了良好的应急管理能力。灾难文化存在的根本价值是能够使群体更好地应对各种灾难和危机。灾难能增强群体的抗灾韧性，为应急管理能力的塑造提供强力支持。一方面，灾难文化有利于形成号召力。应急管理能力是在社会长期发展过程中逐渐健全完善的，其核心是安全素质建设和安全素养培育。灾难文化将应急管理由单一的安全系统塑造成有血有肉的立体社会结构。面对各种灾害风险的冲击，必须以更加鲜明有力的方式塑造和宣扬自身的灾难文化，激发社会成员的斗志。另一方面，灾难文化有利于增强辐射力。应急管理系统在全生命周期维护社会安全稳定，因此应急管理不是孤立的行政管理领域，而是与社会方方面面都有着良性互动的有机体。加强灾难文化与应急管理的联系，就能产生“文化辐射”的作用。在与社会互动的过程中，应急管理主体将应急管理机制与社会通俗的灾难文化联通，为彼此注入新鲜内容，并对社会文化形成强力辐射和引导。通过与社会多层次、全方位、多角度的互动，应急管理机制与灾难文化能够形成一种耦合互动的关系，为现代应急管理体系的建立提供良好氛围。

当然，灾难文化中也存在着大量时代遗留的糟粕。面对这些灾难文化的阴暗面，也应准确地识别出其中的不利因素。第一，灾难文化会削弱应急体制的社会化效果。灾难文化的多样化和基层化意味着人们在认知、情感、信仰、心理、价值观念等方面存在某种差异。这种差异可能会引发传统与现代、部分与整体、个体与全体价值观念和道德标准之间的冲突。如果对这些冲突不加约束、放任自流，就可能在一定范围内模糊或淹没主流价值观念和道德标准，最终削弱应急管理效能，不利于抗灾减灾工作的开展，甚至威胁到整个应急管理系统。第二，灾难文化制约着应急管理的社会认同。随着时代的发展，社会认同的标准、原则都有着非常大的差别。如果灾难文化和应急管理机制有异，那么人们就可能无法充分认可和支持应急机制。第三，灾难文化束缚着应急行为的规范性和统一性。在现代社会，各类社会主体所采取的社会行为都具有主观能动性，需要加以适当的规范。灾难文化的存在会导致人们的应灾心理、安全观念存在差异，在应急管理实践过程中出现指挥不力、协调困难的情况。

## 第四节　本书概要

灾难会增加人们的悲观情绪，但也促进人类反思自己的文明。灾难文化让人们更好地反观自身，有助于人类强化休戚与共的责任和情感纽带。面对灾难，人类拥有相同的情感。不同的民族，面对形形色色的灾难，往往表现出共同的价值取向，包括同情、善良、关爱、奉献等。这种情感互动，促进了人类的团结和解，并在一个更高的层面上反思人类命运、反思人与自然的关系，从而形成了带有普遍价值观的灾难文化。灾难没有国界，全球化带给人类最大的益处之一即是休戚与共的人文情怀。

有人说，灾难是人类发展的“绊脚石”。然而，暂停赶路的脚步，关注脚下的“绊脚石”，倾听那些失去灵魂的声音，尊重灾难记忆的文化价值，人们才不会再次摔倒，才会知道前进的方向在何处。从这方面来说，灾难更是人类的“垫脚石”。中国有句古话叫作“知错能改，善莫大焉”，正视历史才能走得更远。人人都有可能犯错，因为没有人是完美的，但是只有知错能改，才能真正地认识错误、取得进步。每个民族在历史上都有伤疤与耻辱。只有正视它，历史悲剧才不会重演。

本书共分六章。

第一章概述了全书的理论基础和基本内容，包括从心灵到文化的记忆、从生存到发展的动力、从风险到机遇的挑战、本书概要四个部分，主要探讨了灾难文化是如何产生、传播并产生影响的。

第二章讲述了逆境中的移民与社会发展。移民有多种形式，本书描述了四种不同类型的移民现象。第一种是都城变迁带来的移民，第二种是“闯关东”“下南洋”“走西口”等近代移民潮，第三种是在政府倡导下的移民，第四种是古代贬官造成的人口流动。

第三章描述了我国灾难影响下的生业形式。从大类上来讲，我国的传统社会主要有农耕和游牧两种生业形式。基于此，本书总结了草原文明、塞上生活两种与灾难文化相关的生业形式，并且分析了灾难影响下巴蜀、北京、广西等地独特的灾难文化。

第四章讲述了战争所塑造的将领、谋士、侠士等不同的英雄形象和英雄主义情结。此外，还包括与草原英雄相关的内容。

第五章的主要内容是灾难催生的多种艺术形式。这些艺术形式根据各地灾难环境的不同而变化。例如，苍劲的贺兰山、无际的草原、浩瀚的海洋、茂密的山林都造就了不同的灾难文化。

第六章主要与防灾减灾的科学技术有关。相较于第二章到第五章，这一章的内容更偏近现代。主要是从应急管理和科技减灾的角度阐述如何让灾难文化在现代社会发挥作用。

# 第二章　逆境中的移民与社会发展

## 第一节　概　说

在传统社会，中国人一直以来都是绑定在土地上的。这是由于中国有着悠久的农耕文化，而农耕与土地密不可分。农耕文化使得中国人重视土地，把土地视为自己的家园。中国人的生活和繁荣都与土地息息相关。因而移民对于中国人来说是一种不得已而为之的行为。移民一般是因为家乡的经济、政治或社会环境不稳定，为了改善自身的生存、发展环境而产生的迁徙行为。移民通常面临着灾害、贫穷、饥饿、战乱等问题，只能选择离开家乡，寻求更好的生活条件。在巨大的生存压力下，坚守乡土情结的中国人也被迫寻找新的生存空间。

现代应急管理中有“避灾移民”的概念。避灾移民是指灾难使得居民离开居住地的现象。这些移民是因为灾难破坏了原居住地的环境，而不得不搬迁到其他地方。移民是一种无奈的选择，包含了人类面对灾难的消极情绪。移民通常是为了改善生活水平、追求更好的发展机会。移民行为是基于移民者对现状不满的情绪，而不是基于客观分析。因此，人们往往不能客观地评估自己的移民行为，从而使移民具有自发性和盲目性的特点。

历史上，政府会组织移民。政府组织移民主要是基于军事目的和生产目的。每当边疆有战事、军备不足时，政府会组织移民，以应对国家的军事威胁。移民提供了大量的劳动力，可以建造军事基础设施，在必要时移民作为士兵参加战斗。在生产方面，移民能够增加社会经济活力和社会发展多样性。移民可以为移入地带来新的技术，增加政府的税收，提高社会的福祉水平。此外，移民也可以为社会带来文化多样性，拓宽社会视野，促进文化的发展。移民对移入地的巨大贡献也彰显了移民不畏艰险、勇于开拓的精神。无论基于哪种原因、哪种方式的移民，都把移出地勤劳睿智的传统文化和先进的农耕技术带到移入地，带动了移入地经济、社会、文化的发展。

移民往往存在身心的双重创伤。这种创伤的康复取决于当地的文化特质。文化影响着人类生存适应能力与灾难创伤复原功能的发挥。自我更新不能满足人类生活中面临的各种错综复杂、不断变化的环境要求。社会经济因素使得许多地区的人们决定长期生活在高风险环境中。例如，在长江中下游地区，在多重因素影响下，贫穷的村民为了生计会选择在泄洪区或干涸的河床上生活，这使他们更容易受到洪水的威胁。这是当地人口增加、生活方式改变、安全区域相对较少等多种原因造成的移民。

灾难文化是人类集体学习与解决问题的产物，具有强大的共享功能，能够使人们更好地识别灾难环境，从而远离危险。移民需要融入移入地的生产与生活之中。移民会参加当地的社会生产活动，自主地学习当地的语言、习俗、价值观等，从而更好地与当地人交流。

本章描述了四种不同类型的移民现象。第一种是随着都城的变迁，人们会自发地向都城聚集。人们会向都城聚集，主要是因为都城是政治、经济、文化等的中心，拥有更多的机会和资源。在古代，面对灾害和战乱，都城也是一个相对安全的地方，可以提供更多的保护。第二种是最为熟知的“闯关东”“下南洋”“走西口”等近代移民潮。这种移民潮是地处中原的人们在灾害和战乱的影响下向“关东”“南洋”“西口”迁移。近代移民潮是典型的灾难文化移民。第三种是政府组织的移民，以“湖广填四川”为代表。历史上两次“湖广填四川”，一次是强制性的，另一次则充分调动了人们的积极性。第四种是一种特殊的移民现象——“贬官”。相较于前三种移民，每次贬官通常只有一个或几个人，在人数上与“移民潮”是无法相提并论的。但像岭南这样长期作为贬官之地的地方，被贬官员的数量也十分可观。官员的知识和阅历较为丰富，社会影响力也较大，因而使得贬官所到之处的文化发生了变化。

## 第二节　帝都变迁

北京位于华北平原北部，地势西北高、东南低，燕山山脉和内蒙古高原横亘在北部，东北经山海关通往松辽平原，西部过太行山脉与山西高原接壤，南部为平原，东南地势开阔，直通渤海。因西、北、东北三面环山，北京刚好位于高山环抱所形成的中心平原地带，像一个临海的港湾。所以，人们也形象地称之为“北京湾”。

北京的“母亲河”——永定河，古称治水、漯水，隋代称桑干河，金代称卢沟河、无定河，清康熙年间始称永定河。永定河上源北支发源于内蒙古兴和县，南支发源于山西省宁武县管涔山，两大支流在河北怀来县合流，入北京平原，在天津汇于海河，至塘沽注入渤海，是海河水系北系最大的河流。历史上永定河迁徙无常，多次改道，“无定”之名并非虚妄。据《水经注》载，“桑干泉水之西源……周回八里，其水阳旱不耗，阴霖不滥，无能测其深渊也”。古时候的永定河也曾哺育北方众多部落民族，创造了灿烂的文化。传说华夏祖先黄帝在永定河流域的涿鹿阪泉打败蚩尤和炎帝，确立了统治地位，率领部族结束游牧生活，在涿鹿建造了中华民族五千年历史上的第一座都城。北京从一个普通的居民聚落点发展为辽陪都，金中都，元大都，明清乃至如今的全国政治经济文化中心，与永定河水是分不开的。城郊农田灌溉用水、城内地下水皆来自永定河，甚至北京城众多古典园林也是以永定河故道为基础发展而来的。

“没有永定河，就没有北京城。”永定河造就了北京冲积扇平原，又以源源不断的河水浇灌良田、哺育居民，形成了大小不一的“海”“淀”，为北京城平添姿色。然而，这些并不能抹去永定河为北京带来的伤痛记忆。历史上北京的自然灾害以气象灾害为多，尤其是暴雨、洪水，曾无数次席卷北京城，给百姓造成了巨大的损失。自古以来，永定河就与长江、黄河、淮河并列为四大重点防汛河流。[①] 金元以前，永定河的洪水时有发生，但危害不大；金元以后，随着中下游地区的迅速开发和上游植被的不断破坏，永定河水土流失日益严重，河道淤积，河床抬高，每遇洪水常发生决口。[②] 北京地区历朝历代的洪水多发生在夏秋季节，这是北京地区的气候所决定的。北京属温带季风气候，降水集中，且往往以强降水暴雨的形式出现。6 月至 9 月为多雨季节，也是汛期，集中了全年降水的 80%以上，造成了春季十年九旱、汛期洪水泛滥的局面。巧合的是，每当壬辰年、癸巳年，北京往往会发生特大洪灾。

---

① 吴文涛. 北京水利史［M］. 北京：人民出版社，2013：13-16.

② 尹钧科，于德源，吴文涛. 北京历史自然灾害研究［M］. 北京：中国环境科学出版社，1997：89-119.

“昔言壬辰、癸巳年应多大水”，或许并非危言耸听，而是先民留下的宝贵经验。2023 年 7 月，北京地区遭遇百年难遇的特大洪水，降水总量之多、强度之大，历史罕见。这次洪水的受灾群众超过百万人，造成严重的经济损失，是首都北京遭遇的一次沉痛灾难。

苦海幽州的传说也从另一个角度印证了北京城与水难解难分的渊源。水是生命之源，也是城市发展的根基，北京城依水而建，因水而兴。历史上的北京水网纵横、湖泊密布，因地处暖温带半湿润季风气候区，热量和降水充足。如今的北京有五大水系，分别为蓟运河水系、潮白河水系、北运河水系、永定河水系和大清河水系，均属于海河水系。北京城区主要有通惠河、清河、坝河、凉水河四大河流。五大水系与四大河流在历史上曾多次变迁，或改道，或断流，今日之风貌与往日已大不相同。但不可否认的是，有水才有北京城，良好的水源是吸引诸多王朝在此建都的直接原因。水是北京的血脉，养育了一代又一代北京人。民间至今有“漂来的北京城”之说，是因为隋朝开通大运河，由洛阳直至涿郡，涿郡就是现在的北京。从辽代开始在此建都，工程所用的砖石木材、城中达官贵人和平民百姓所用的衣食皆由船只从南方运输供给。这就是漕运的由来。

水能载舟，亦能覆舟。历史上数座古都的兴衰都与水有着千丝万缕的关系。长安、咸阳分居渭水两岸，成就了盛唐气象；汴河、黄河为东京开封带来了京华繁盛；建业（今南京）凭天险长江以隔南北。然而，水文条件的变化也可能成为斩断文明发展的利刃，导致生态崩溃、城池毁弃、文化湮灭。

距今约五十万年前，北京地区就有原始人类活动的迹象。三千多年的建城史和八百多年的建都史更是赋予了北京这座城市深厚的文化底蕴和独特的人文魅力。自元朝开始，作为全国瞩目的政治经济文化中心，历代帝王将相在这里运筹帷幄、指点江山，上演了一出出波谲云诡的历史大戏。中华人民共和国成立后，古都北京又迎来了新的发展机遇。作为国家首都、文化名城和国际大都市，现代化建设的巨大成就使这座古老的城市焕发出新的活力。然而，即便作为“天子脚下首善之地”，自古以来的北京仍逃不过自然灾害和战争灾难的洗礼，洪水猛兽、干旱饥荒、烽火铁骑不会因北京特殊的地位而减少。相反，由于地理位置和政治因素的特殊性，北京城和居住于此的北京人，在长期与自然和命运抗争的过程中形成了自身独特的灾难文化。

中国古代的都城几经更迭。中国古代都城的变化主要是由于政治、经济、军事等因素造成的。新的朝代会把都城定在更有利于政治控制的地方，以巩固统治地位。也有的都城会建在易守难攻的地方，更有利于提高都城的安全性。有些朝代会把都城定在水陆交通方便的地方，可以更容易发展经济。随着都城的变化，人口也会向都城所在地聚拢。都城是政治中心，政治资源都集中于都城。都城位于河流、道路、港口等交通要道的交汇处，可以容纳更多的商业活动，有利于贸易的发展。作为文化中心，都城从精神上对人们产生吸引力。因而都城的变迁也会导致移民。

风云动荡的政局使得古老的北京在历朝历代金戈铁马之下饱受摧残。周武王伐纣后封邦建国，尧的后人被分封于蓟。① 蓟、燕两国作为周王朝的诸侯国开始兴旺发达。后来，燕吞并蓟，仍留有蓟城。春秋时期，周天子式微，中原出现了春秋五霸，北方游牧民族趁火打劫。公元前664年，山戎族大举袭扰，攻占蓟、燕二城，这是北京历史上第一次战争浩劫。公元前475年，燕国疆域不断扩大，东达朝鲜，北过燕山，

---

① 北京大学历史系《北京史》编写组编. 北京史［M］. 北京：北京出版社，2009：11-56.

南至易水，西有云中，关隘相连，数城毗邻，逐步发展成为战国七雄之一。燕王哙即位后，燕国内发生了子之之乱。齐国与中山国趁机对燕国发兵，攻占燕国都城，霸占大片城池，还烧杀抢掠燕国百姓，将燕王宫洗劫一空。齐国和中山国军队占领燕国长达三年之久，燕国民不聊生，哀鸿遍野，昔日的都城也变得破败不堪，残垣断壁。这是历史上北京遭遇的一次不小的劫难。后来，燕昭王励精图治，礼贤下士，修建长城，重振燕国，才恢复了燕国早期的繁华。

自西汉起，北京多称“幽州”。汉武帝划全国为十三刺史部，幽州为其中之一。古人曾这样描述，“幽州之地，左环沧海，右拥太行，北枕居庸，南襟河济”。看似天府之国，实则来之不易，民间流传着“苦海幽州”的传说。相传几万年前，北京地区是一片苦海，住着龙王，百姓被迫只能住在西边和北边的山地上，日子过得极其艰辛。三头六臂的小英雄哪吒救民于水火，赶跑了龙王，放干了苦海的水，人们才踏上这片土地繁衍生息。“苦海换幽州”的古老传说，一方面反映出祖先对北京地质环境演变的推测和想象，另一方面也是古幽州地区地理环境恶劣、自然灾害众多的真实写照。西汉末年，渤海沿岸曾发生一次海啸灾难。这次海啸使得位于渤海西岸的津郊以及今天的河北省黄骅市等地区被海水吞噬，而近在咫尺的北京也无法幸免于难。苦海之苦，如此可见一斑。

东汉末年，张角的农民起义军声势浩大，北京一带黄巾军遍布，幽州刺史郭勋被起义军所杀。一时间起义大旗招展，但最终农民起义还是遭到镇压。三国时公孙瓒、袁绍割据幽州城，袁绍后被曹操所灭。两晋南北朝时期，西部和北部的匈奴、鲜卑、羯、氐、羌对中原政权影响很大，北京成为少数民族相继统治的区域。隋朝结束了两百多年的分裂，重新建立大一统的帝国，改“幽州”为“涿郡”，进一步加强对该地区的统治。特别是隋炀帝下令开通余杭至涿郡的大运河，又以涿郡为中心修筑了四通八达的御道，涿郡的战略地位进一步提升。这也为后来众多势力相争此地埋下了伏笔。

唐朝复称“涿郡”为“幽州”。唐朝十分重视对幽州的统治，因为幽州是抵御北方少数民族袭扰、屏蔽中原的军事和交通重镇。① 燕山天险，自西向东有居庸关、古北口、松亭关、卢龙关和渝关。这些关隘易守难攻，常驻有精兵强将。为加强边陲的军事力量，唐朝设节度使统率重兵、坐镇数州。第一个节度使就设立在幽州地区。到了唐朝天宝年间，幽州节度使安禄山蓄意谋反，“渔阳鼙鼓动地来，惊破霓裳羽衣曲”。安史之乱自幽州（渔阳）起，安禄山叛军二十万南下，势如破竹，直捣长安。前后八年，幽州地区历经战乱，叛军烧杀抢掠，百姓苦不堪言。此后五代十国，国家政权交替频繁，各国之间战乱不休。中原群雄逐鹿，长城之外的突厥、契丹挥戈南下。而此时的当权者昏庸无能又贪图安逸，非但没有奋力抵抗南下的胡马，反而拱手相让，将幽云十六州出卖给契丹，做起“儿皇帝”。幽州成了辽国的南京，相继被契丹、女真、蒙古族所统治。

11 世纪，女真族完颜部落兴起，完颜阿骨打建立金国，举兵抗辽。宋金签订“海上盟约”，南北夹击辽南京（今北京地区）。战斗中金军势如破竹，宋军却进军缓慢，原本商议由宋收复幽云十六州，但最后金以南京被金军攻破为由，只还给宋朝六州，且将幽燕地区家财一百五十万贯以上的富裕人家迁徙塞外由金统治。金军在南京大肆劫掠，繁华一度的幽州城又一次遭到严重的破坏。金国势力不断扩大，渐渐不能满足于偏居东北一隅，原都城会宁也已不符合当时的形势要求。金海陵王决

① 谭新生，倪洁. 北京通史简编［M］. 天津：南开大学出版社，2004：119-127.

定迁都南京，以便统治华北和中原地区。1153年，南京改称“中都”，北京正式成为金的国都。

此时，北方蒙古高原上建立起一个帝国，首领铁木真骁勇善战。蒙古人抗金的脚步始终没有停下过。蒙古军曾三次包围并攻陷金中都城。最终，元朝灭金、宋，建立统一政权，结束了华夏三百多年的纷争。蒙古帝国原来的首都是和林，以忽必烈为首的革新派主张迁都燕京，实行汉制。元朝疆域空前之大，一来统治者既要控制广袤的漠北地区，又要管理中原、江南地区，燕京可谓是“幽燕之地，虎踞龙盘，形势雄伟，南控江淮，北连朔漠，且天子必居中以受四方朝觐”。二来忽必烈早年曾负责漠南汉地军政，曾在中原结识汉族军将、谋士，迁都能够以燕京地区为根据地，依靠汉族军将、谋士建立统治。更何况，忽必烈在早年接受汉族文化时，就深切体会到“以马上取天下，不可以马上治”。只有效法中原地区建立起稳固的皇权统治，才符合历史的发展趋势。1272年，中都改称“大都”，这是北京从北方诸侯国的都城到重要的军事政治重镇再到一国最高政治中心的重要转变。自此，北京开始不间断地作为统一王朝的国都。

元朝的残酷统治最终引发各地人民的反抗，农民起义队伍不断壮大。农民出身的朱元璋，最终推翻元朝统治，消灭地方割据势力。相传，1368年，徐达率兵进入大都，为了除掉元朝的“王气”，下令将所有宫室庙宇夷为平地。虽然这一说法的真实性有待考证，但作为被推翻统治的前朝国都，至少是鞑靼人的宫城，北京难免不在这次战火中遭受重创。元朝灭亡，明朝继承大统，大都改称“北平”，寓意安定和平。[①] 明朝建立之初，蒙古残余部落时时袭扰，企图复辟。明朝的都城位于应

---

① 于德源. 明清之际北京的历史波澜［M］. 北京：北京出版社，2000：5-35.

天（今南京市），对北方边境的控制力微乎其微。因此，朱元璋将子嗣分封各地为王，借此镇守边境，拱卫中央。其中，四子朱棣封为燕王，镇守北平。靖难之变，朱棣起兵“清君侧”，夺了建文帝的皇位，改元“永乐”，同时改北平为“北京”，应天称“南京”。“北京”二字自此出现。

朱棣镇守北平期间，对北平重要的战略地位了然于胸，在此地构筑工事、训练兵将、修建府邸、广纳贤士，培植自己的亲信力量。因此，朱棣在南京称帝后，即有迁都之意，一方面北平是“龙兴之地”，另一方面可以就近指挥北方军防、打击塞外蒙古残余势力。迁都一事酝酿了近二十年。这期间为了营造新都城，朱棣下令修浚大运河，使南方物资得以运送到北京。为解决最紧迫的粮食问题，朱棣下令流徙之民回乡垦田。同时，朱棣在北京修建了比元大都更为壮丽宏伟的新皇城。外城包内城，内城包皇城，皇城包着紫禁城。中国古代的星相学里，紫微垣位于中天，是天帝居所，因而将皇帝的居所称为“紫禁城”。1421 年，明成祖朱棣正式迁都北京。

打江山易，守江山难。明朝开国太祖、成祖勤于政事、看重戍边，到了明英宗，政权逐渐腐化，蒙古草原上的部落又一次得到统一，首领也对明王朝虎视眈眈。1449 年，瓦剌军南下攻打大同。明英宗在太监王振的怂恿下率军亲征，不幸在土木堡（今河北怀来县）被瓦剌所俘，京城告急。在群臣惶恐、议论南迁之时，兵部侍郎于谦挺身而出力排众议，力保北京。瓦剌首领也先挟明英宗到北京城外，于谦等人率领军民迎战，打退了敌人的数次进攻，北京保卫战取得胜利。正是于谦等抗战派的顽强抵抗和军民的众志成城，才避免了北京再次被蒙古军的铁骑蹂躏。

明末，统治阶级对人民的剥削进一步加重。东北满洲建立后金政权，接连占领沈阳、遵化等城，直逼北京。山海关外镇守宁远的蓟辽督师袁崇焕，率九千轻骑回京增援，双方在通州城外大战，八旗军人多势众，进攻猛烈。袁崇焕两肋中箭，仍奋勇杀敌，终于打败八旗军的进攻，保卫了京师。后来，袁崇焕含冤而死，吴三桂迎清兵入关，农民军受到镇压，北京城内外遭到严重破坏。内城的汉人被强行驱赶到外城，房屋被征作兵营和官邸，商铺遭到抢掠。城外汉人的农田被霸占，上等良田被圈为皇庄，次等良田分给满洲贵族，就连八旗旗丁也能分得三十亩田地。广大汉人无立锥之地，被迫背井离乡讨要生活。京城附近耕地荒芜，民不聊生。

从春秋战国时期到封建王朝的结束，两千多年的风雨沧桑里，北京多次经历战火硝烟，特别是五代十国、宋元明清时期，塞外契丹族、蒙古族、女真族发展强盛，一度入主北京并建立少数民族政权。北京地区作为北方门户，是进入中原的咽喉，战略地位不言而喻。在长年累月的战争中，北京的城墙被不断加固。中国古代的城市，城和墙是分不开的。城墙是一个城市最基本又最坚固耐用的部分。至今我国很多城市还能目睹到古代城垣的遗迹，而街坊早已化作黄土。在北京，今天还能依稀看到金、元、明、清几个朝代的城墙遗址。近代珍贵的历史照片和老一辈人的口述，也反映了北京城城墙的基本情况。老北京的城池包括宫城、皇城、内城、外城，由城墙、城门、瓮城、角楼、护城河形成屏障。[①] 元大都是在金旧城东北建立的新城。城方六十里，是一个南北长、东西短的矩形。城垣为夯土板筑成，基座宽二十米有余。为了使城墙更加稳固，土城中有横竖交叉的木柱，顶部盖有苇编以防水。城共开十一门，南面、东面、西面各三门，北面两门。城的四角有角楼，城外

① 常林，白鹤群. 掌故北京［M］. 北京：旅游教育出版社，2005：31-36.

等距离地建有加强防御的“马面”，再绕以宽阔的护城河。明朝迁都北京后，为了便于防守，将城墙北段向南缩减五里，新筑的城墙西段把积水潭的一部分隔在城外。后来又用砖包砌原来的夯土城墙。明中叶开始大规模修建城楼，此时的城门不仅有城楼，还有箭楼，各门外立牌楼，城四隅立角楼，又把城壕加深，用砖石衬砌两壁。护城河上的木桥全部改为石桥，并设立了水闸。城墙也有明确规制，外城墙高二丈，垛口四尺，基厚二丈，顶收一丈四尺。① 城墙内侧比外侧略陡，城砖层层叠砌，状如梯级。防御能力大大提升。明嘉靖年间，增筑外城，北京遂成“凸”字形城。

北京的城墙像一位有着坚强臂弯的母亲，守护着她的子民。而长城则像是一位身躯伟岸的父亲，为北京抵御袭扰。绵延起伏的万里长城，是中华民族的象征，其中以位于京城北部燕山山脉的燕山长城最为显赫，这也是保卫京师的重要防线。从战国时的燕国开始一直到明末，燕山长城的修筑一直没有停下过。特别是明朝，在长城上修建了许多关隘，著名的有山海关、居庸关、古北口、喜峰口等。古人曾言，“居庸之险不在关而在八达岭”。八达岭是居庸关的门户，远眺京城，居高临下，十分险要。这里两山夹峙，中通一径，岭口之间有一不规则的四方形关城。经居庸关出八达岭，可通往延庆、永宁、沙城、宣化、张家口等地，道路开始四通八达，故曰“八达岭”。城墙上隔一段距离就有一座堡垒式的台子，高的叫敌楼，上面的垛口用来瞭望、射击；低的叫墙台，供士兵巡逻放哨和休息。作为历史文物，长城承载着中华文化历史的记忆；作为一项军事工程，长城维护的不仅仅是京城，更是整个中原文化和农业经济。

---

① 孔庆普．北京的城楼与牌楼结构考察［M］．北京：东方出版社，2014：27-32.

即便有坚固的长城和雄伟的城墙庇佑，北京仍多次成为战争的前线。前面提到的历朝历代发生在北京地区的战事，除了因为统治集团的腐败、人民长期处于被压迫的地位，自然灾害往往是被忽略的一大因素。我国著名的气象学家竺可桢在《中国近五千年来气候变迁的初步研究》中，将我国古代历史时期划分为四个温暖期和四个寒冷期。[①] 温暖期的平均气温比现在还要高一至三摄氏度，降水带明显北移，因而国家风调雨顺，国泰民安。第一个温暖期正好对应我国古代的仰韶文化和殷墟文化时期。在这两千多年里，凭借生产力的提高，我国从原始社会进入奴隶社会，从新石器时代进入青铜器时代。第二、三、四温暖期对应我国历史上的秦汉、唐朝、元朝，这都是封建王朝大发展的时期。而在气候寒冷期，温度普遍偏低，气候带和降水带南移，荒漠面积扩大，尤其是西北地区的农牧业受到极大影响。第一寒冷期发生在东周，第二寒冷期对应东汉、三国、两晋南北朝，第三寒冷期正是两宋交接时期，第四寒冷期发生在明清之间。每次寒冷期都发生了边疆少数民族袭扰中原的事件。两晋南北朝时期，“五胡乱华”使神州沉陷。两宋时期，契丹、女真、蒙古族先后崛起，成吉思汗建立蒙古帝国之时，草原正持续遭遇自然灾害，“牛马十死八九，民不聊生”。明末清初，引发清朝起兵的一个原因就是恶劣的气候导致生活贫乏，明朝又加紧对女真的压迫，沈阳地区遭遇饥荒的百姓甚至到了吃人的地步。游牧民族依赖草原生活，当气候变冷，水草难以满足生活需要时，向南或向西迁移是他们唯一的选择。北京恰好在迁移必经的道路上。而此时的中原，气候变冷同样使粮食产量下降，军队战斗力大打折扣，加上政权内部腐化，自然无法抵挡住“上帝之鞭”的挥舞。

---

① 竺可桢. 中国近五千年来气候变迁的初步研究［J］. 考古学报，1972（1）：15-38.

## 第三节 近代移民潮

“闯关东”“下南洋”“走西口”并称为近代中国的三次移民潮。这三次移民潮都是流民运动，是自然灾害、战争灾难双重作用的结果。中国近代政治动荡，社会不安定，导致百姓选择移民，寻求更安全的环境。中国近代经济不发达，战乱不断，贫穷的农民在没有足够的收入时也会去其他地方谋求生计。当时，人们的文化和价值观念受到外来文化的影响，许多人被外国文化所吸引，选择出国寻求更好的生活。因而，“关东”“南洋”“西口”成了当时移民的目的地。

“闯关东”的“关”是指山海关。① 由于吉林、辽宁、黑龙江三省位于山海关以东，因而被称为“关东”。“闯关东”主要是指自清朝同治年间开始关内百姓去关东谋生的历史。由于关东地区地广人稀，不利于农业生产和军事防御，清政府鼓励百姓去关东谋生。当时中原地区人口已趋于饱和，在自然灾害和战争灾难的驱使下，百姓不断迁往关外。由于东北是苦寒之地，“闯关东”的百姓到达东北后的生活也多是困苦的。②

中国近代社会中的“下南洋”以广东人、福建人居多。南洋，是中国明清时期对东南亚的称呼，包括现在的新加坡、马来西亚、印度尼西亚等国家和地区。“下南洋”移民现象是由多种原因所导致的，但无

---

① 崔征，牟文强.“闯关东”移民文化对东北经济的影响及对策分析［J］. 广西质量监督导报，2019（6）：182-183.

② 张妹. 闯关东精神的丰富内涵及价值支撑研究［J］. 中共济南市委党校学报，2019（1）：59-64.

论哪种原因，都直接或间接与灾难有关。从灾难文化角度看，“下南洋”就是我国东南沿海地区百姓面对灾害时的避灾减灾路径选择。

“下南洋”的一个原因是气候灾害频发，百姓苦不堪言。[①] 闽粤地区位于亚热带，属于海洋性气候，近代以来受暴雨、风灾、海潮等气候灾害影响很大，也受到大寒、旱灾、瘟疫等灾害的影响。古民谣“不怕七月鬼，只怕七月水”，描述的就是福建不断发生的暴雨灾害。福建风灾也是极具破坏性的气候灾害，飓风到来后，大树被连根拔起，百姓房瓦被飓风卷走。总之，闽粤地区的极端气候现象时常出现，造成百姓生活难以维系。

战争及战争赔款也加重了百姓的负担。鸦片战争后，西方资本主义国家入侵，尤其在五口通商后，福建传统纺织业受到了英国廉价纺织品的巨大冲击。清朝统治者为了支付巨额赔款，用增加赋税的方式将经济压力转嫁到劳动人民头上，加重了百姓的经济负担。在统治者的层层盘剥和繁重赋役下，广大百姓的生活雪上加霜，越发贫困潦倒。迫于生计，大批福建、广东人纷纷下南洋，谋取生存之道。

随着西方殖民者对东南亚地区的殖民统治，中国苦力就成了他们掠夺或拐骗的对象。当时还给这种苦力贸易取了个歧视性的名字——“猪仔贸易”。最初，西方殖民者采取契约、拐骗甚至绑架的方式，装船出洋，将苦力贩卖到东南亚，乃至古巴、秘鲁、北美等地。1880 年以后，欧美等地开始排华，东南亚就成了“下南洋”移民的集散地。东南亚地区具有丰富的热带资源，而且土地肥沃，但该地区人口密度很小，地广人稀。一方面，东南亚开发需要劳动力；另一方面，百姓面对各种灾难正在寻求生计。在这种情况下，必然会有大量华人冒着生命危险去寻

① 高荣伟. 下南洋：历史上持续时间最长的一次人口大迁徙［J］. 云南档案，2016（9）.

找新的生存之道。福建、广东等地距离东南亚比较近，借助海上交通工具即可到达。因此，"下南洋"谋生，就成了各种灾害笼罩下百姓的避灾选择。据史料记载，1613 年在马六甲市街图上，已经出现了中国河、中国村等，说明中国"下南洋"移民对东南亚国家文化造成了深刻的影响。[①] 从 1876 年到 1898 年，仅从厦门、汕头去往东南亚各地的华人移民近三百万人。到 20 世纪初期，聚居在东南亚的华人达到四百多万人。

在"下南洋"移民中，无论是主动还是被动，都显现出无助和无奈。"下南洋"的人们以一种无力的方式回应着各种苦难。"下南洋"以逃避的方式应对灾难，又要面对或忍受新的灾难。无论是流出地的战争还是流入地的殖民统治政策，无不为"下南洋"提供了理由和条件。饱受自然灾害的摧残以及战争灾难的迫害，一批批中国人源源不断地加入了"下南洋"的大浪潮中。

明清时期至民国末年，很多山西人、陕西人背井离乡向北迁徙，进入内蒙古谋生的主要原因是自然环境恶劣。西北土质干燥，特殊的地形地貌使田地面积狭小，外加旱灾频繁，气候恶劣，民不聊生。[②] 为了摆脱生活窘境，百姓寻找安身立命的地方，开始向内蒙古地区迁移，也就形成了大范围的"走西口"移民运动。近代"走西口"移民多是为了改善自身生存环境和经济状况，带来了移民潮自发性、盲目性的特点。这可能会造成社会不稳定，因此官方多采取抑制政策。所谓上有政策、下有对策，这些移民采取多种手段来规避检查。后期官方态度转变，设

---

① 陈秋沛. 浅析晚清下南洋中华人对南洋的影响［J］. 铜陵职业技术学院学报，2019，18（4）：62-65.

② 崔思朋，王春馨. 清道光时期山西人"走西口"成因探析［J］. 太原师范学院学报（社会科学版），2017，16（3）：16-19.

立了专门的移垦部门管理和服务移民。[1]

随着“走西口”带来的大批汉族移民进入内蒙古定居，当地的文化交融越发紧密。从饮食习惯来看，内蒙古大部分地区冬季寒冷而干旱，为抵御这种恶劣环境，食品中高热量的肉食和奶制品独占鳌头，中原地带饮食以瓜果蔬菜和米面等为主。[2] 蒙汉民族的饮食结构相互碰撞，饮食习惯慢慢融合。牧民开始学习汉族精烹细作的方式，饮食更加卫生。[3] 汉族人民也逐渐适应了恶劣环境下当地人千百年来沿袭的饮食结构，更好地扎根于这片土地。在语言方面，由于移民来自不同地区，他们的语言中或多或少带些方言，由此牧民学习的汉语也不尽相同。[4]“走西口”的汉民进入内蒙古后，蒙汉开始杂居的相处模式，使得节日风俗相互吸收。[5] 蒙古族的春节是腊月二十三，这才是蒙古族真正的大年。然而，汉族进入内蒙古生活后，受汉文化影响，蒙古族也开始一起过年三十，年三十甚至比蒙古族的腊月二十三更隆重。汉民也开始庆祝那达慕大会、鲁班节、祭祖节等蒙古族节日。现在的蒙古族、汉族都庆祝元宵节、端午节、中秋节等节日，这也是灾难环境带来的民族融合的结果。

---

① 马寒梅. 近代“走西口”移民对内蒙古西部地区经济的影响［J］. 晋中学院学报，2016，33（1）：72-75.

② 胡江花. 论“走西口”中从晋陕等地向内蒙地区的人口迁移［J］. 城市地理，2016（14）：233-234.

③ 刘超超，孟和宝音. “走西口”对绥远地区饮食嬗变的影响［J］. 山西青年，2017（8）：94-95.

④ 张涛. “走西口”背景下漠南蒙古地区蒙汉民族问题初探［J］. 青年文学家，2017（21）：195.

⑤ 陕劲松. “走西口”中的民族交流与文化融合［J］. 山西社会主义学院学报，2016（2）：72-75.

## 第四节　湖广填四川

“湖广填四川”是指湖南、湖北、广东等地区的人口向四川移动的历史事件。历史上曾经发生过两次“湖广填四川”运动，一次在元末明初，一次在明末清初。[①] 与“闯关东”“下南洋”“走西口”的自发移民不同，两次“湖广填四川”都是由古代朝廷组织的。

第一次湖广填四川发生在元末明初。四川地区是在外族袭扰中抵抗最为坚决的地区。历史是残酷的，人同样如此，抵抗得越坚决，遭受的破坏就越大。忽必烈灭南宋时，通过军事包围，攻克了四川，之后成都城惨遭屠戮，十室九空。“城中骸骨一百四十万，城外者不计。”成都，这个“一年成邑，二年成都”的城市，从古蜀国开始就被命名为“成都”，此后一直是四川的政治、文化和经济中心，那时却变成了人间炼狱。元朝时间很短，皇权动荡，扶持农工的措施有限，因而四川的人口恢复速度缓慢。元朝末年社会动荡，群雄四起。红巾军、元军、明玉珍、朱元璋等多股势力在四川你来我往，同时还有不间断的自然灾害。[②] 在战乱中，四川人口损失严重。元代四川有一百五十余个县，到了明初存留不足一百个。据《明太祖实录》记载，朱元璋答明玉珍：“然有李喜喜等兵侵扰，杀掠为虐亦甚，其生死不知，存者能几?”方孝孺则说：“夏主方有意于据蜀，各郡臣民遭青军（李喜喜）侵掠，百

---

① 龚义龙. 清代“湖广填四川”移民浪潮时间考证［J］. 长江师范学院学报，2011，27（6）：7-14+158.

② 李映发. 元末至明末湖广入川移民考察［J］. 地方文化研究辑刊，2017（1）：193-211.

无一二。”在李喜喜、明玉珍、廖永忠等人带兵多番蹂躏下，四川的情况堪忧。

明玉珍原本在湖北进行反元活动，后来转战四川。跟随明玉珍进入四川的军队被认为是第一批湖广移民。朱元璋统一长江流域之后，认为四川人口太少。1368 年，明朝廷开始组织陕西、湖广等地百姓移民四川。当时一部分移民是以土地契约的方式自愿前往四川的。[①] 还有一部分移民是被强迫的。据说被强迫移民的百姓一路上被绑住双手，由官差监押，只有大小便时才能解开双手。这就是“解手”的由来。

总的来说，这一次人口大迁徙的成果还是值得肯定的。巨量的外来人口为当时劫后余生的四川带来了繁荣。到明朝万历年间，四川全省人口已超过六百万，成为朝廷稳定西南的支柱。然而，当四川百姓以为太平盛世将会千秋万载之时，大明帝国却已是危机重重。1636 年，张献忠进入四川，明军与张献忠的主战场就变成了四川。[②] 1644 年，张献忠再次攻入四川，建立大西政权，开始与地主武装、清军、南明作战。1645 年，张献忠阵亡。此时的南明由于政权混乱，各大割据势力开始在西南地区混战。1650 年，清军进入四川。四川百姓在之后十余年不断地参与反清斗争，而清军则采用血腥镇压的方式。待到后来四川平定，清政府开始考虑对四川进行移民时，长达八年的“三藩之乱”爆发，四川再次成为战场。在长达四十余年的时间里，四川陷入了一个极为混乱的局面——农民与地主、明军与义军、清军与明军、清军与藩军几方势力在四川纷杀。经此劫难，四川地区近乎回到了原始社会。1659

① 李懋君. 论清初“湖广填四川”的行政引导［J］. 湖北社会科学，2012（8）：111-113.

② 魏登云，曹先东. 论清前期“湖广填四川”移民情况及其影响［J］. 遵义师范学院学报，2019，21（6）：13-18.

年，清兵攻占了整个四川。人口统计发现，四川人口此时竟只剩下十六万余户，九万余人。四川的人口从六百万骤降至不足十万，足见常年的战乱对四川的打击是巨大的。“蜀自汉唐以来，生齿颇繁，烟火相望。及明末兵燹之后，丁口稀若晨星。”“合全蜀数千里内之人民，不及他省一县之众。”于是，第二次“湖广填四川”的移民开始了。

然而，当时四川的虎患非常严重。据说，三藩之乱刚刚平定后，新任四川荣昌知县张懋尝走马上任，随行有七个仆人。① 一行人舟车劳顿，刚到四川，眼前尽是一片荒芜。新官走马上任没几天，就被老虎盯上了，七个仆人被咬死了五个。由于当时四川人烟稀少，森林面积开始扩大，野生动物繁盛，为华南虎的繁衍提供了很适宜的环境。当时四川的虎患全国最重，早在顺治年间，四川南充知县黄梦卜就向上级汇报说，他原来在南充招徕了户口人丁五百余人，没想到这批人被老虎吃掉了二百余人。黄梦卜不死心，又招徕了七十人到南充落户，没想到又被老虎吃掉四十余人。当时，老虎甚至可以成群结队地进入村庄，咬死人却不吃掉。如果有人要进入山林，必须二十人以上手持刀具和鞭炮结队而行。1683 年，康熙下发了一道圣旨，号召百姓前往四川垦荒。清政府施行了一系列政策，鼓励外省移民入川垦荒。例如，四川境内无主之地归垦荒移民所有。② 这种“跑马圈地”对农民而言就是天赐良机。在当地实行的宽松的人口政策也让移民没有后顾之忧，对无籍流民极具吸引力。③ 临近四川的湖北、湖南、陕西、广东、广西、江西、福建、云

① 黄梅. “湖广填四川”移民现象的历史考察［J］. 重庆社会科学，2017（3）：87-91.

② 张国先. 明清时期“湖广填四川”的赋税政策［J］. 中国税务，2022（8）：76-77.

③ 周玉梅. 论清代“湖广填四川”的惠农政策［J］. 淮北煤炭师范学院学报（哲学社会科学版），2010，31（2）：74-76.

南、贵州等地区的百姓移民的积极性很高。

入川的线路主要有三条。第一条是从陕西，经汉中地区进入蜀地，山西、陕西、河南等地区的人基本是从这条线路来的。[①] 此路也是历史上外来政权进攻四川的首选路线。走此路需要翻越秦岭与大巴山，著名的“蜀道难”说的就是这条线。第二条是沿长江，从水路进入四川。这条路线的好处是可以借助长江航线，但长江中段航线本身凶险，且水流湍急，需要水上、陆上交错前进。湖南、江西、福建、浙江等地区的人大多走这条线。第三条是经贵州进入四川，这条路最难。四川南部地区开发程度相对长江流域要低很多，驿站、道路等基础设施少之又少。从两广、云贵地区来川者要翻越云贵高原，非常艰险。对于这些背井离乡的人来说，入川并不是一件容易的事。第一个问题就是路费，有相当多的移民将这次远行当作人生的赌博。他们变卖家产，拖儿带女来到四川。除了本身复杂的地理环境，沿途的虎患、匪患、瘟疫都是巨大的威胁。据记载，死于移民路上的人不计其数，甚至有一整家子人丧身虎口的传闻。[②] 很多人盘缠不够，只能一边做劳工一边走。这一趟甚至需要两三年。

但是入川的回报是丰厚的。据说，移民到四川广汉的平民张连义用竹签和木片圈了两千多亩地，而且这种行为在当时是合法的。[③] 因而，最早一批到达四川的移民和四川当地的土著收益颇丰。此情此景，与两百年后美国的西进运动十分相似。这种事情后来被人整理成故事，沿着入川的道路代代传送，刺激了一批又一批的人前往梦想中的“天府之

---

① 张颖玲.“湖广填四川”移民历史研究［J］. 西部学刊, 2019（22）: 110-112.

② 余茜，向炳颐.“湖广填四川”与移民的文化适应及其当代启示［J］. 科技创业月刊, 2015, 28（9）: 103-104+110.

③ 孙和平.“落担”“插占”:“湖广填四川”的早期民俗记忆［J］. 成都大学学报（社会科学版）, 2008（4）: 98-99+107.

国”。在这个过程中，麻城孝感乡就成为移民们的重要中转地。麻城孝感乡位于今天的湖北省麻城市。据不完全统计，清朝时期，麻城孝感乡共向四川移民二百万人。① 一个乡通常没有这么多居民，只是大多数移民把这里当作入川前的临时居住地。因而，现在四川地区留下了一句名言：“试问故乡在何处，湖广麻城孝感乡。”最终，随着本地人口的膨胀和外来人口的涌入，四川的人口承载力逐渐饱和，再也不是当初那片任人驰骋的蓝海，移民潮也随之衰减。清朝乾隆后期，四川人口已达到八百万之巨，移民潮也有所减弱。到同治时期，移民潮彻底消失。

## 第五节　贬官之地与文化曙光

余秋雨在《文化苦旅》中曾说：“每到一个地方总有一种沉重的历史气压罩住我的全身，使我无端地感动、无端地喟叹。”② 岭南地区在古时候被称为“烟瘴”之地。主要原因是岭南地区气候温暖，湖泊、湿地众多，容易散发有毒气体，会危及人的生命。因此，流放之刑与贬官之地都曾设在岭南地区。韩愈担任监察御史时，上书阻谏宪宗皇帝兴师动众去奉迎一块佛骨，因而被贬官流放到粤海之边的潮州。在流放的路上，韩愈留下了一首脍炙人口的七言律诗《左迁至蓝关示侄孙湘》：“一封朝奏九重天，夕贬潮州路八千。欲为圣明除弊事，肯将衰朽惜残年。云横秦岭家何在，雪拥蓝关马不前。知汝远来应有意，好收吾骨瘴江边。”

① 李华. 浅谈“湖广填四川”对巴蜀地区的文化影响［J］. 湖北经济学院学报（人文社会科学版），2008（6）：129-130.

② 余秋雨. 文化苦旅［M］. 北京：作家出版社，2019：3.

诗中的“瘴江边”便是描述岭南地区瘴气严重的环境。韩愈到了潮州，当地鳄鱼成灾。当地人继承了古老的迷信，认为鳄鱼是水中的神。每当鳄鱼出没时，他们会宰杀牛、羊、猪、狗和其他动物，并把它们扔进河里祭祀。韩愈一直尊重儒家正统思想，反对鬼神。他夜以继日地试图让人们相信，除掉鳄鱼是拯救自己最好的办法。潮州自古以来就是客家人的领地，人们总是相信鳄神，所以很难赶走鳄鱼。经过韩愈的不懈努力，终于解除了鳄患，并以此为机遇兴修水利，带来了好收成。当时，粤东在唐代版图上是一个相对封闭落后的地区，贩卖人口的陋习在那里盛行。在饥荒之地，富人可以奴役穷人的全家。韩愈为了改变这一陋习，付出了比驱赶鳄鱼更多的努力。因而当地人称韩愈为“韩青天”。一个丧失了政治生涯的文人，把自己的全部精力用在减轻百姓的痛苦上，后人感念韩愈的德政，在江边建造了临江亭和亭中的功德碑。明朝嘉靖时期，后人为韩愈题写了“功不在禹下”的碑文，以示尊敬。

“不忍刑杀，流之远方”被认为是一种仁慈的刑罚，也为被贬之地无形中带来了发展的契机。岭南地区自然环境恶劣，再加上发展落后，承载了无数的人间灾祸。文人到达如此荒蛮之地，给该地带来了生机，带来了中原先进的文化。

在岭南地区，多种文化思潮交错交织，体现了开放与融合、创新与务实的精神。广东地处我国大陆最南部，紧邻南海。正是因为广东省临近海洋，所以岭南文化中包含有海洋文化的成分。之前因为战乱，不少中原人移民到广东。岭南文化发展的过程中，也融会了中原文化和海外文化。岭南文化到底是什么呢？从地域上说，岭南文化大体分为珠江系文化、桂系文化、海南文化三部分。[①] 属于珠江系的广府文化、潮汕文

---

① 李权时. 岭南文化［M］. 广州：广东人民出版社，1993：35-78.

化、客家文化是当今岭南文化的主体。从狭义角度考虑，岭南文化特指广府文化。明清之际，岭南三系文化相互融会贯通，岭南文化真正拥有了区别于其他南方文化的风格和精神。

文化的形成必然夹杂着地域特征因素，岭南文化无疑也带有鲜明的地域色彩。人作为文化创造的主体，在一定的自然条件下，会形成适合自身的生产方式和生活方式，并在此基础上从事精神文化的创造活动。岭南地区的气候、地形大大区别于北方地区，文化也有与北方不同的地方。在古代，岭南地区居住着百越人。① 秦汉时期，岭南成为南越、闽越诸侯国的管辖地。历史上，生活在中原地区的人们多次大规模地迁徙至岭南地区，为岭南地区带来了更为先进的生产方式和文化精神。然而，由于岭南山脉的阻隔，岭南与中原之间的交通堵塞，经济文化发展仍然相对落后。唐代开元时期，宰相张九龄主持了大禹陵古道的扩建。在此之后，岭南与中原一样，以农业为基础，同时发展了多种与水产相关的产业，如渔业、蚕业、果业等。明清以后，岭南地区进入了经济社会快速发展的阶段。陶瓷、茶叶、纺织品等产品开始了对外贸易。广州成为中国最重要的商业城市之一，甚至是中国唯一的外贸港口。对外贸易促进了商品经济的发展，岭南也进入了历史上最繁荣的时期。除便利的水路交通为经济发展提供便利外，在岭南生活的人们在山高丘多、地少田瘠的环境下从事农业生产，不怕吃苦受累，不断坚持奋斗，形成了岭南文化中的勤劳坚韧、低调务实的地域特征。因为历史上的多次战争，中原人多次迁移岭南。当地居民和外来的中原人相互帮助，促进了岭南的发展，也形成了岭南文化包容的特点。近现代，岭南毗邻南海，海岸线较长，与西方国家交往密切，往来频繁。

---

① 吴国钦. 岭南文化特色管窥［J］. 华南师范大学学报，2008（4）：3-5+157.

岭南文化深受中原移民潮和战争的影响。中原移民文化一直是岭南文化的基本元素之一。中原文化影响岭南文化，岭南文化不断接受、吸收中原文化，并产生新的元素。近代以来，二者相互影响、相互渗透。秦汉时期，秦始皇在岭南建县，岭南历史上第一次正式并入中原王朝，中原地区出现了第一次向岭南迁徙的高潮。[①] 秦汉时期的中原移民潮使岭南文化首次正式接受中原文化的全面影响。由此，岭南文化开始进入与中原文化融合的过程中。两晋南北朝时期，中原经历了第二次南移避战的高潮。中原南迁移民的第二次高潮为岭南地区带来了先进的物质文化、制度文化、思想文化，促进了岭南地区的技术发展，改变了岭南地区的社会风俗，岭南文化和中原文化进一步交流。宋代是中原南迁规模最大、人数最多的时期，岭南各地区的人口大幅增加。承载了黄河文化与长江文化的中原移民给岭南地区的经济、社会、文化发展带来了新的文明精华。南宋时期，岭南建立了众多国立学校，其中比较著名的有南雄孔林学院、潮州寒山学院、海南东坡学院等。南迁文人对岭南地区教育的发展起到了积极的推动作用。改革开放以来，岭南特别是广东省的人口流动非常大。这使得岭南文化或多或少地传播向全国甚至世界各地。

岭南地区特殊的地理位置也使得这里战争不断，岭南文化深受战争的影响。宋代以后，特别是明清时期，中国的城市空前繁荣，商业经济快速发展，手工业水平不断提高，对外贸易活动日益频繁。18 世纪以来，欧洲国家完成了工业革命，经济基础雄厚，政治制度先进，科技文化发达，军事力量强大，海外贸易与殖民扩张双管齐下。在这样的环境下，中国仍然以天朝大国自居，实行对内专制、对外封闭的政策，开始

① 覃辉银，符姝. 岭南文化多元融合的特点探析［J］. 华南理工大学学报（社会科学版），2015，17（1）：101-106+112.

由盛转衰。面对繁荣的西方文明，中国已经明显处于劣势了。在鸦片战争之前的八十多年里，广州是全国唯一的对外口岸，作为中国近代史标志的鸦片战争在广州爆发。其间，林则徐虎门销烟，以林则徐为代表的中国社会精英与人民大众同仇敌忾，捍卫民族尊严，奋勇抵御外辱。中国屈辱的近代史虽从岭南开始，但是也在很大程度上由岭南引领中国走向世界。戊戌变法，以康有为、梁启超等来自岭南的有识之士，带领中国早期的觉醒者在内忧外患的压迫和西方文化的影响下，试图在传统政体框架内进行社会改良。辛亥革命宣告了以孙中山为首的革命党人在西方民主、自由思想的影响下，推翻传统封建专制政体的胜利。这次革命正是以广州起义为先导打响。北伐战争，以“联俄联共、扶助农工”政策为指导，以广州为大本营，广东骑兵连克长沙、武汉、南京、上海等地，显示出国共合作的巨大力量，取得了横扫军阀、统一国家的阶段性胜利。广州起义、南昌起义、秋收起义中，中国共产党开始了武装夺取政权、争取全国胜利的历史征程。改革开放以来，以广东为前沿和窗口，经济特区、市场经济的重要实践都在此进行，通过改革建立起社会主义市场经济体制。我国重新融入世界发展的潮流和格局中。

这些历史事件始于岭南地区，影响着民族命运，连接着世界格局。纵观这些战争时代和和平年代，岭南长期以来是我国最重要的商业都市和外贸口岸，除了具有重要的经济地位，也是军民奋起抗击侵略者的战场。岭南地区的爱国主义精神强烈，民族感情深厚。岭南文化的精髓是在地域环境和历史战乱的共同作用下形成，至今仍然保持着它的青春和活力。

由于特殊的地理位置，爆发在岭南地区的战役或起义也不少。战争革新了岭南人的思想，促进岭南地区形成顺应时代的生活、生产方式。战争给岭南人带来创伤的同时也带来了机遇。现在岭南地区发展速度之快，也是战争和革命使得这里受到了外界先进文化的影响。战争作为一种激烈的方式，是促进地区发展的一种有效途径。战争也使人们认识到幸福生活来之不易，因为饱受战争磨难，更加艰苦奋斗。剧烈的文化冲击促使岭南人革新思想，以新的思想观念过上更好的生活。

文化会影响人，人也会影响文化、影响时代的发展。孙中山就是岭南人的代表。他出生于广东普通的农民家庭，少年时代就受到广东人民斗争传统的影响。① 后来，他跟随母亲赴檀香山系统地接受西式的近代教育。自檀香山归国后，他对祖国的贫困落后颇感不满。当时中国也有一些有识之士试图进行变革，孙中山正是出生在这样的时代。特殊的成长经历、开放的思想使他在报效祖国的意愿表达方式上选择了民主革命。团结在孙中山周围的爱国志士大都受过西方近代教育。他们带着新的世界观和新的社会愿望满腔热血地进行革命。崭新的政治理念开始影响中华大地。孙中山早年继承了先辈的改良思想，试图用西方的科学技术来改变积贫积弱的国家。后来，清王朝的顽固不化迫使其决然地走向了革命道路，主张中国要彻底走向科学与民主。孙中山所领导的辛亥革命结束了中国两千多年的封建专制统治，开创了现代体制的新型国家，在近代科学思想中国化的过程中功不可没。② 孙中山建立民国时，曾说："民国是和帝国不同的，帝国是由皇帝一个人专制，民国是全国人民做主；帝国是家天下，民国是公天下，好比做生意，公司赚了钱，股东都有份，东家生意赚了钱，一个人享受。所以从前清朝是家天下，现在民国是公天下。这便是民国和帝国的区别。"这样的思想反映了孙中山在思维方式上的开放性、发散性、逆反性。在推崇"三民主义"，追求民主自由权利，大力发展经济时，孙中山说："夫吾人之所以持民主

① 胡波. 岭南文化与孙中山的致思途径［J］. 开放时代，1996（6）：87-90.
② 刘宁. 孙中山政党思想研究［D］. 中共中央党校，2014：141-158.

主义者，非反对资本家耳。”这是一个无法克服的矛盾，既要求发展资本主义近代大工业，又试图避免资本主义。孙中山的这种思想和思考问题的思维从根本上说是复杂的、多元的。这种复杂多变的特点正是岭南思想家们的共同特点，他们思维活跃、思想新奇、注重创新。

孙中山除领导辛亥革命外，还在1924年创建了黄埔军校。在当时，黄埔军校是一所新型的军事政治学校，以挽救中国的危亡为宗旨，实行军事与政治并重的教学方针，形成了“亲爱精诚，团结合作，为国爱民，不怕牺牲”的校风，培养了众多军事政治人才。黄埔军校在统一广东革命根据地、北伐战争以及抗日战争中立下了不朽功勋，对中国近代史尤其是近代军事史产生了深远的影响。孙中山通过教育发展军队，清楚地知道没有强大的军队无法使中国屹立于世界民族之林中。黄埔军校培养了不少优秀的军官，这些军官是历次战斗的主力。孙中山这种先进的思想也带有岭南思维与西方文化的双重特色。在建设黄埔军校的过程中，孙中山聚集革命力量进行外交活动。“亲爱精诚”是黄埔军校校训的核心。这句话的意思是说，革命同志之间要相亲相爱、精益求精、诚心诚意。这体现了不夹杂地域观念、追求平等的自由意识。孙中山对人对己少有成见，他能随感受和事实而改变自己的态度，接纳他人的意见。就像现代岭南地区没有强烈的地域排斥意识，秉承着广泛融合的态度，欢迎优秀的人来共同建设岭南。正如孙中山的“人尽其才”原则，这种广泛融合的特性在广东体现得淋漓尽致。岭南人虽然遭遇战争磨难，但能冲破困境，重新寻找发展道路，带着敢于变革的精神，培养创新思维，共同创造了现代快速发展的岭南地区。在战争无法避免的年代，人们没有坐以待毙，而是冲破困境，快速发展，不断寻找新的出路。战争带给岭南人的不是屈服，而是坚持革新与创新的精神。

# 第三章　面向社会韧性塑造的生业形态

## 第一节　概　说

文化是在人类的学习和创造过程中产生和再生的。文化在短期内是相对静态的和固定的，但在中长期的尺度上会缓慢发生变化。因此，灾难文化和应急管理能力都能够培养和塑造文化。应急管理除了需要硬性基础设施外，可能还需要以灾难文化为代表的“软架构”。千万年来，人类社会积累了各种灾难文化，包括知识、规范、习惯、崇拜等。一个地区特殊的灾难文化可能对应急管理工作产生负面影响，灾难文化的妥善运用也可以防止不必要的灾害损失。因此，灾难文化可以被视为一种社会文化资源。

当人们受到灾难的挑战时，一条哲学思想显得格外重要——人本质上是社会人。人们必须依靠社会网络和社会资源才能应对灾难。无论是灾难发生期间还是灾难发生之后，相关社会资源都与人类的生存息息相关。社交网络与灾难文化纠缠在一起，影响着人们在应急情况下的行为方式。灾难文化唤醒了人们在灾难面前临场发挥的生存本能。有时，人们的本能行为并不符合既定的应急预案，但事后的结果表明这些行为反而是有效的自救行为。这主要是因为应急预案无法涵盖所有突发态势和偶然状况。从人类发展的历程上讲，这种积累了千万年的经验会比短期内形成的制度更有效。而这种效力在很大程度上取决于受影响地区的灾难文化。充足的社会文化资源有助于增强群体的灾难适应力。因此，防灾减灾需要有足够的社会文化资源。在考察特定地区时，不仅要识别和认识群体文化，更要探知能够有效促进防灾减灾的灾难文化。在罕见的灾难面前，常规方案和既定方案往往都会失去效力，这就需要主动地孕育积极的应对灾难文化进行补充。

我国的生业形态以农耕和游牧为主。自然条件是影响农耕的重要因素。北方草原地带处于山地、沙漠、丘陵、草原等地理环境中，昼夜温差大，降雨集中于夏季且降水量少，天气相对恶劣。然而一般情况下农耕文明更适合气候适宜、水资源充足的地方。我国农业文明受到自然灾害的影响要大于游牧文明。我国游牧民族与农耕民族之间进行的战争大致可分为南征、北伐和相互征伐三类。游牧民族的南袭是影响我国历史进程的重大事件，例如，蒙古灭宋建元。也有较为有名的中原农耕民族北袭事件，例如，汉武帝时期北伐匈奴，明成祖朱棣亲征漠北等。当然这种大规模征伐属于极端情况，更多情况下北方草原民族和中原农耕民族处于不分伯仲的状态，例如，汉与契丹或宋辽之间的征讨。事实上不论是南征还是北伐，都在很大程度上促进了农耕文明和草原文化之间的融合。

本章从游牧的草原文明开始讲述生业所带来的灾难文化，视角逐渐向关内扩展，讲到游牧与农耕混合的塞上风光。在中原大地上，巴蜀、北京、广西都在灾难的影响下形成了极具特色的文化。本章分别从“蜀道难”“京味儿”“八桂民族”的角度来分析这些地区独有的灾难文化。

## 第二节　草原文化

草原文化是世代生息在草原上的先民、部落、民族共同创造的一种与草原自然生态环境相适应的文化。这种文化包括人们的生产方式、生活方式以及与之相适应的政治制度、思想观念、崇拜信仰、风俗习惯、文学艺术等。在漫长的历史进程中，草原文化与中原文化因为灾害和战争不断交流和融合，演化成了历史悠久、内涵丰富的复合型文化体系。

蒙古高原地带拥有久远的历史，在发展过程中逐渐融合了漠北地区的一些部落，形成了特有的文化，在世界文明史上留下了自己浓厚的一笔。13 世纪，蒙古部首领铁木真依靠卓越的军事才能统一了蒙古地区的众多部落（包括乞颜、乃蛮部等），结束了蒙古高原内不同部落相互争夺、不断斗争的局面，建立了大蒙古国。自此，蒙古形成了一个统一的民族共同体。部落之间的不同文化开始交流碰撞，不断融合。内蒙古地区的文化凭借着强大的生命力凝聚了整个草原，成为最有代表性的草原文化之一。内蒙古地区的牧民们以游牧为主，虽然现代社会已经弱化了这种生活方式，但在大众眼中，游牧仍然是内蒙古的标志。内蒙古地区的牧民依水草而居，但其生活的土地偏居内陆，气候恶劣而干燥寒冷。特殊的地理环境造就了内蒙古地区独特的生产生活方式。

内蒙古自治区简称“内蒙古”，地处我国北部、欧亚大陆内部，在面积上是中国第三大省区，幅员辽阔，呈狭长形，横跨了我国东北、华北、西北三大地区，从东到西依次与黑龙江、吉林、辽宁、河北、山西、陕西、宁夏、甘肃等八个省区为邻，靠近京津，北部与蒙古国和俄罗斯接壤。① 内蒙古主要分布着蒙古族、汉族、回族、满族等众多民族。多民族聚居的条件在客观上促成了文化的多样性。内蒙古以高原为主，海拔多高于一千米，地质结构有显著差异，包括山地、沙漠、丘陵、高原、平原等多种地形。内蒙古地区昼夜温差大，大部分地区降水量少，降雨主要在夏季。气温的分布与年降水量相反，热量多的区域降水最低，热量较少的区域降水较多，水热分布不均衡。由于内蒙古所处的位置和自然环境的特点，干旱、黑灾、白灾、寒潮、大风、沙尘暴、冰雹等自然灾害较为频繁。其中，较为严重的灾害是干旱和寒潮。寒潮导致大风、降温、风雪、沙尘暴等恶劣天气频繁出现。

内蒙古文化以草原文化为主，由移民潮中“走西口”所带来的西口文化也对当地有重大影响。内蒙古是一个经过上千年沉淀的草原天堂，具有完整的风俗文化体系。当地独特的风俗具体反映在衣、食、住、行诸多方面，影响着社会、经济、文化的方方面面。服装一定程度上体现了当地人们的性格和文化素养。蒙古袍和靴子极具民族特色。② 由于先民居住分散、游牧而生、战乱频繁，当地服饰有众多款式，包括科尔沁服饰、达尔罕茂明安服饰、阿拉善服饰等。虽然款式众多，但是它们的基本款式是类似的。与此同时，不同于汉族将红色视为吉祥色而忌讳白色，当地人将蓝色和白色当作吉祥色而忌讳黑色。服饰的材料大多就地取材，很大程度上受制于自然环境。男女老少着长袍，腰部扎绸带。长袍一般宽大、防寒、耐磨。男性有三件常年不离身的佩饰——木碗、腰刀、火镰。这源于游牧经济恶劣的生存环境和随时可能发生的战争。

---

① 苏日娜，萨日娜. 内蒙古草原文化研究综述［J］. 黑龙江民族丛刊，2006（1）：125-128.

② 宝力格. 草原文化概论［M］. 呼和浩特：内蒙古教育出版社，2007：156-166.

蒙古包（毡包）是深刻传承了当地灾难文化的典型蒙古建筑。不同于汉族固定的居住建筑，蒙古包是草原独具特色的可移动的居住建筑。蒙古包从匈奴时期就被草原民族使用，一直到现在。蒙古包是在特定的迁徙环境和恶劣的自然环境下制作的，通常需要搭建在通风透气的地方，门朝东以躲避西风。觅水草而居的游牧民族会将蒙古包搭建在牧草鲜美、水源充足的地方。由于内蒙古地区的人们易迁徙且高原天气严寒，蒙古包具有易搭建、易拆除并且保暖性能好的特点。虽然如今科技发达，当地人也居住在高楼大厦里，但是蒙古包所传承的灾难文化已铭刻在每个人的心中，不可磨灭。

当地有传承了千百年、独具特色的节日。传统节日是璀璨的文化纽带，传达着对民族传统文化的热爱。内蒙古的传统节日主要有成吉思汗纪念节、蒙古新年、敖包节、那达慕等。敖包节作为大型的祭祀节日，选择草原景色优美的时期举行，一般是在农历五月到七月之间。此时，广袤而充满生机的绿色草原上骏马奔腾，展现出一幅“风吹草低见牛羊”的草原画卷。四面八方的人们齐聚一处，参加祭敖包活动。每年的夏末秋初是草原最美的时刻，人们会在草原上举行持续十多天的那达慕大会。那达慕大会集竞技、祭祀、娱乐于一身，不论男女老少都会盛装参加来庆祝大丰收。那达慕大会作为重要的传统节日，主要包括下棋、歌舞、摔跤、赛马、射箭等活动，还伴有贸易活动。人们在浓厚的节气中享受着努力与灾难抗争而获得大丰收的喜悦与幸福。在浩大的赛马、摔跤、射箭等场景中，人们不仅经历了一次特别的民俗仪式，而且感悟到在漫长社会变迁中积聚下来的民族智慧与民族精神。

马对于内蒙古地区生活的人们来说不仅是代步工具，更是一种独特的民族景观。当地人认为马独具灵性，能听懂人类语言，能够思考，善解人意。马靠嗅觉不与父辈和子辈交配，经过人的驯养，马的行动可以服从人的意志。战场上主人阵亡时，马儿围着主人的尸体长嘶刨地。人马悲鸣的战争场景往往给人以悲恸、凄凉之感，生活在当地的人们甚至有了“马背民族”之称。从《骑士风云》到《一代天骄成吉思汗》，英雄总是和骏马连在一起，影视作品常常通过英雄们马背上的动作来展示坚韧不屈的民族魂。此外，当地人把马当作朋友，当地有许多与之相关的节日，比如赛马节、神马节等。

经济基础对于文化有着重要影响。为了研究文化的内涵及产生和发展的规律，需要深入了解其依托的经济基础。从历史发展来看，狩猎阶段是人类发展史的初期，并且这个阶段持续了很长时间。较其他民族而言，北方草原民族经历这一阶段的时间更长。当游牧经济产生、发展和演变之际，狩猎经济在特定的历史阶段依然起着不可替代的作用。草原民族狩猎的目的是多样的，归纳起来主要有满足日常生活需要、军事演习、休闲娱乐等。狩猎活动包含着战争灾难在内蒙古地区留下的印记。

在狩猎阶段初期，牧业和农业还不发达，为了获得基本的生活资料，草原先民将狩猎经济放于首位。以契丹族为例，契丹歌中有“冬月向阳食，夏月向阴食，若我射猎时，使我多得猪鹿”，《辽史·食货志》中有“契丹旧俗……挽弓射生，以给日用”。[①] 这些史料说明早期狩猎是契丹先民的主要生活来源之一。在供自己食用的同时，契丹帝王还将由猎物所得的裘服和食物作为礼物送给宋朝皇帝，维系两国之间的关系，在一定程度上缓解了战争的压力。除此之外，达到一定规模的狩猎活动在一定程度上还具有军事演习的意味。草原民族擅长狩猎，在狩猎的过程中，士卒身体矫健，骑射娴熟。《辽史》记载：“蒲鲁奏曰：臣自蒙义方，兼习骑射，在流辈中亦可周旋……会从猎，三矢中三兔，帝奇之。”可见，

① 刘高，孙兆文，陶克套. 草原文化与现代文明研究［M］. 呼和浩特：内蒙古教育出版社，2007：21-42.

耶律蒲鲁的骑射技术是被认可的。草原民族善骑射的士卒组成的军队具有很强的作战力，在战场上所向无敌。《世界征服者史》中记载，成吉思汗西征，“整个军队接着把城市包围，像圆周之包围圆心……战斗准备完成……这时蒙古军立刻向城池四方发动冲锋和进攻，一声雷霆闪电般的呐喊，他们把投掷器和箭矢，像雹子一样倾泻出去”。[①] 这正是运用了从围猎中总结的战法作战，说明狩猎在训练将士和演练骑兵上发挥着重要的作用。

后来，狩猎又成为休闲娱乐的一种方式。在狩猎的过程中，人们肆意驰骋，尽情享乐。然而，草原民族作为马背上的民族，当狩猎军事演习的性质渐淡、贵族游猎之意渐浓时，狩猎就会加剧百姓的负担，激起矛盾，最终引发战争。以契丹为例，在辽代中后期，辽王朝疆土版图大定，国家相对安稳，大规模战争鲜有发生，狩猎也就演变成了荒嬉享乐的主要项目之一。辽后期，天祚帝游猎无度，在女真作乱、局势紧张之际，仍游猎不止，疏离耿直之臣。后妃萧氏作歌讽谏，只是引起了天祚帝的反感。史书中类似的记载都反映了狩猎这种贵族游乐方式荒废了辽后期诸多君王，给百姓带来了深重的灾难。

蒙古高原位于亚欧大陆内部，远离海洋，冬季漫长而又严寒。地形主要有山脉、草原、丘陵等，植被深受气候、地形、土壤的影响。蒙古高原的干旱气候和独特的地形、土壤使得其植被性质与分布有自己的特点——西部是荒漠草原，东部是典型草原。蒙古高原相对恶劣的生态环境决定了草原民族不能像农耕民族那样进行大规模的农业生产，促进了游牧文化的产生，促成了草原民族别样的生活方式。游牧经济是一个人和自然之间的物质交换过程，是草原民族适应和改造自然界的选择。广

① 志费尼. 世界征服者史［M］. 何高济，译. 北京：商务印书馆，2017：22–48.

袤的草原是他们赖以生存的环境。游牧经济具有脆弱性、季节性、地域性的特征，这些特征与灾难文化紧密联系在一起。草原生态系统的内部也存在地域差异。[①] 受限于自然环境和气候等因素的制约，不同区域的草地具有不同的资源分布，不同区域的牧草数量、质量、营养成分不同，会带来不同的载畜能力，适宜饲养牲畜的种类也是不同的。这最终导致草场可利用的经济价值与带来的经济效益产生差异。一般而言，在荒漠草原地带以骆驼、绒毛山羊和粗毛羊等为主；草甸草原区域以牛、肉毛兼用的细毛羊等大型牲畜为主，以绵羊和山羊等牲畜为辅。

草原民族把牧群当作财富，所以牲畜和他们的日常生活息息相关。为了使牲畜繁衍更多后代，提供更多的乳肉食物，牧民更期待水草充足、风调雨顺的良好自然环境。然而，蒙古高原日照时间较短，降雨量少，地处内陆而相对干旱，自然环境恶劣。严酷的环境时常把自然灾害带给游牧业。相较于农业经济，游牧经济除春、夏、秋三季的水灾、旱灾、蝗虫、冰雹等外，在春季和冬季还面临着黑灾和白灾。草原上冬季降雪量少时，容易导致牲畜没有充足的水饮用，引发疫病流行、母畜流产。严重的时候会造成大量牲畜死亡，草原人民形象地称之为“黑灾”。与“黑灾”相对的是“白灾”——漫天大雪覆盖草原，大风呼啸，雪花飘舞，导致无处放牧，没有充足的粮草供牲畜食用，容易造成牧民冻伤、牲畜冻死。此外，传染病、火灾、狼灾等也都会给游牧民族带来巨大的灾难和损失。一次重大的灾害对于游牧民族而言可能需要三五年甚至更长时间来恢复。种种天灾人祸都极有可能导致牲畜大量死亡，影响草原民族的生活质量，这也就带来了游牧经济的脆弱性。正如汤因比所说：“游牧民族和爱斯基摩人一样，都变成了每年气候和植物生长周期的囚

① 柴国君，陈通. 内蒙古文化产业与区域经济的耦合关联分析［J］. 干旱区资源与环境，2015，29（11）：73-78.

犯；他们对草原取得了主动权，却对世界上一般环境失去了主动权。”①

由于牧场是游牧经济存在的基础性条件，所以季节因素通过影响牧场而间接影响游牧经济的状态。蒙古高原大部分区域都属于大陆性气候，四季分明，不同季节牧草生长状况是不同的，牧民需要根据季节更替来放牧。在春季，草场主要用于接羔。草矮地平的地方牲畜的幼崽不宜成活，牧民需要迁至草好背风的区域，同时需要有充足的粮草准备。夏季需要迁至靠近水源、牧草丰盈的区域，以便牲畜长水膘。秋季则需要迁至草籽多、果实成熟的区域。冬季则需要选择草高靠山的区域，以便为牲畜提供充足的枯草。这种随季节而迁徙的轮牧方式是迫于自然环境压力的选择。这使得牧民们没有稳定的居住场所，以至于随水草而迁徙，远离繁华而热闹的城镇生活，远离交换物资的市场。

## 第三节　塞上生活

我国历史上，长城的修建始于春秋战国时期。当时，各诸侯国统治的区域大小各异，修建长城的位置和长度也不是整齐划一的。长城主要集中在中国北部地区，用于抵御少数民族的袭扰。历朝历代修建长城持续了两千多年的时间，全部长度有十万余里。秦统一中国后，取缔了各诸侯间的互防长城，大规模修建了防御北方少数民族的长城。“孟姜女哭长城”的故事诉说了长城的修建给百姓带来的苦难。长城不仅具备实质性的军事意义，而且标明了中原的边境。长城分割中原与游牧民族，营

① 阿诺德·汤因比. 历史研究［M］. 曹未风，等，译. 上海：上海人民出版社，1986：16-38.

造了和平的生存环境，保证了生活于长城两侧的民族能够进行互利的贸易和友好的文化交流。长城为丝绸之路保驾护航，促进了周边各民族的经济、文化发展。

长城经过我国十五个省市，是中国古代农耕文化与游牧文化碰撞和融合的见证，有效地保护了中原地区农业文明的发展。在长城沿线的多次战争中，长城以其高大、坚固的结构和完整的防御体系形成了坚不可摧的屏障。这也是许多朝代不惜耗费人力、物力、财力修建长城的重要原因。随着北京首都地位的确立，广袤的蒙古高原、东北平原和中原政治一体化。长城的军事功能逐渐衰退，文化象征意义却不断丰富。巍峨的万里长城，与中华民族不屈于强权、勇于同一切侵略者作斗争的精神是高度契合的。几千年来，经济文化的交流与融合，逐渐淡化了民族分布的界限，但长城仍是中国文化的一个象征，是战争灾难和自然灾害的交汇线。

玉门关是长城的一个重要关口，位于长城的西北端，是连接黄河流域和内蒙古高原的重要关口，也是长城的第一道关口。玉门关和长城是密不可分的，它们相互依存，共同保卫着中国的边疆安全。讲到玉门关，人们首先想到的是王之涣的《凉州词》："黄河远上白云间，一片孤城万仞山。羌笛何须怨杨柳，春风不度玉门关。"诗句描绘了西北边地广袤壮阔的风光，引发了人们对这座古老关塞的向往。玉门关，俗称"小方盘城"，位于甘肃省敦煌市，因西域输入玉石时取道于此而得名。[①] 据记载，玉门关和坐落在玉门关之南的阳关都曾为都尉治所，是重要的屯兵之地，是中原通往西域的必经之路，是汉代时期重要的军事关隘和丝路交通要道。

① 朱小玲. 内蒙古农牧交错地带经济文化类型的演变［J］. 黑龙江民族丛刊，2010（4）：123-125.

西汉边郡在屯田的同时，也派遣大量戍兵守边。与屯田相配套的军队屯驻之地是边疆区域主要的防御力量。障、坞、燧、关、置、仓、边墙等类型的防御设施共同实现了玉门地区的居住、屯田、御敌等历史功能。玉门关跨越千年历史，在经济、交通、军事上的地位不可动摇。玉门关城外的丝绸之路四通八达。玉门关外，驼铃悠悠，人喊马嘶，商队络绎，使者往来，一派繁荣景象。玉门关附近还有疏勒河，河水不时从地下涌出，形成许多大小不一的湖泊，沼泽密布，芦苇丛生。这样的地理特点和地理优势必然成为兵家必争和战争集中之地。这造就了当地与战争相关的灾难文化。

玉门关始建于西汉武帝时期，距离现在已有两千多年的历史。玉门关并非一个独立的关口要塞，而是以玉门关遗址为中心、呈线性分布的区域，东西长约四十五公里、南北宽约半公里。[①] 在这个区域内，有两座城址、二十座烽燧、十七段长城边墙。秦汉时期以来，善战的匈奴是中原民族的重要威胁之一。汉初，匈奴打败东胡和大月氏，占领河西。最初，汉朝对匈奴实行和亲政策，试图维持暂时的和平。汉武帝放弃了友好政策，对匈奴发动了大规模的军事战争。霍去病打败匈奴后，汉朝设置了张掖、敦煌两县，建立了玉门关、阳关。从此，玉门关、阳关成为西汉河西走廊的重要通道。自西汉以来，许多朝代都把这里作为军事要塞。无数士兵曾在这里为保卫领土而战斗，无数使节、商人、游客在这里通关。

公元前 121 年，汉武帝在河西设立酒泉郡后就下令修筑现在永登以西的“塞”，即“汉长城”。公元前 111 年，敦煌建郡后，敦煌境内也开始大规模修筑长城。到了公元前 104 年，李广利带领六万大军和十三

① 潘发俊，潘竟虎. 玉门关和玉关道［M］. 兰州：甘肃人民出版社，2009：30-63.

万牛马讨伐西域大宛国，而这一切军事活动都离不开玉门关的屯田补给。在西汉时期，西北地区是以屯田补给为经济活动的核心地区，玉门关就是其中重要的军屯区。玉门关之所以能成为军屯区，取决于其所处的地理位置和自然条件。疏勒河下游由东向西流经敦煌北部，并在此广袤戈壁上形成了一个个大水湖、沼泽、碱滩，最后注入疏勒河终点——榆树泉盆地。而玉门都尉的屯田位置就位于榆树泉盆地。榆树泉盆地的湖泊与其周边的戈壁相互沉积，再加上强烈的风蚀作用，形成了沟壑台地、湖泊沼泽犬牙交错的复杂地貌。此处气候属于内陆气候，干旱少雨，但戈壁荒漠上的河流与湖滩却形成了适于植物生长的绿洲。榆树泉盆地的东部有马迷兔、吐火洛、天桥、湾窑四个小盆地。小盆地内地势平坦，流域水量充足，乔木林、灌木林、灌木丛浓密覆盖，是沙漠、沼泽地区较为理想的垦区。这里由此孕育了玉门关地区屯垦耕种的生态本底。

玉门关在今天的甘肃省敦煌市。甘肃省地处黄河上游，自古就有着重要的经济、政治、军事地位，是屏蔽中原的门户，也是向西开拓的门户。[①] 这必然使之成为历朝历代争抢的战略资源。甘肃被称为“民族走廊”，是历史上许多民族大迁徙、大融合的舞台，更是多民族聚居和多文化交融之地，多种信仰的渗透、多种风俗的浸染、悠久的历史文化以及卓越的地域优势都赋予了这里多民族汇合的斑斓色彩。战争塑造了甘肃当地独特的军事素养。西北地区地域辽阔，地貌多样，山川壮阔，物产丰富。兰州的地理位置非常重要，能够防止敌人从东南进犯。独特的地理位置使得甘肃形成了以战争为中心的灾难文化。“黄沙百战穿金甲，不破楼兰终不还”，穿越千年的边塞诗篇，诉说着西北边戍将士金甲易

① 薛正昌. 宁夏历史地理与文化论纲［J］. 固原师专学报，2006（5）：45-50.

损、生命可抛、马革裹尸的壮志豪情，延续着历史的豪情壮志、铁血忠彰。

塞上的另一极具特色的地理区域是河套平原。河套平原是黄河形成的冲积平原，是鄂尔多斯高原与贺兰山、狼山、大青山间的陷落地区。河套平原地势平坦，土质好，灌溉便利，有“黄河百害，唯富一套”的说法。现在河套平原的气候基本上是以荒漠草原、干草原、荒漠和半荒漠为主。这样的气候是历史演变和人为因素共同塑造的。河套平原的文化是中原农耕文化与北方游牧文化、中亚文化的完美融合。河套以及其附近的阴山是匈奴文明的发源地。在这个地区，游牧民族从诸多分散的部落发展成为部落联盟。这个区域的地理环境为以畜牧业为主的匈奴文明的发展提供了极其便利的条件。茂盛的草木和阴山的山地资源均为匈奴人获取军事装备提供了场所。由于河套地区有利于与中原进行经济文化交流，匈奴历代统治者均将河套地区视为重要的战略基地。在先秦时期，河套平原就是我国北方各游牧民族从事畜牧、狩猎的地区，并且游牧民族不断与商周王朝发生战争。[①] 在秦统一全国之后，秦将蒙恬率领军队北击匈奴。虽然匈奴趁秦末中原混乱之际重新进入河套地区活动，但汉王朝建立后对匈奴发动的反击战使得匈奴又迁往漠北。至此，匈奴与汉族和平共处的局面在河套地区持续了十多年之久，历史上记载，“时边城晏闭，牛马布野，三世无犬吠之警，黎庶亡干戈之役”。由此，河套文化进入了第一个繁荣发展的时期。

河套文化的第二次繁荣是在隋唐时期。当时，河套平原绝大部分是在中原王朝的直接统治下。隋朝时期，河套平原地区实施都督“府—州—县”三级管理的行政体制，大力修建军事设施，加大军事控制。在

---

① 刘庆. 战争视角下的古代河套文化［J］. 河套大学学报，2012（1）：5-18.

这个时期，河套平原是控制北疆的战略重地。随着中原统治者与突厥关系的不断恶化，隋朝与北方民族的矛盾日益激烈，战争不断在河套地区爆发。五代至两宋，几个政权轮流对河套平原实施控制。唐朝后期，西夏的党项族在河套平原一带游牧，并在河套平原的西部建立了政权。五代时期，契丹在河套平原的东部地区建立了辽政权。随后，金政权取代了辽政权，占据此处。尽管西夏、辽、金在河套平原冲突不断，最终还是由蒙古政权统一了整个河套平原。隋唐时期各政权对河套平原的用心经营，在一定程度上改变了河套平原原有的自然面貌。在时代的变迁中，河套平原始终随着政权的交替而发生变化。一方面，战争给河套平原带来了自然环境的破坏与恶化；另一方面，当时的一些举措也改善了放牧对环境造成的破坏。平原的草场在一定程度上被改造成为农田，促进了河套平原农业的发展。但是，好景不长，由于政权的不断交替变化，到了辽金时期，河套平原的自然面貌又恢复到了以草原为主。由于游牧民族习惯游牧生活，元朝时大量少数民族进入河套平原定居，大量军民“即营为家”。因此，河套平原局部出现了沙化并越来越严重，一些地区甚至出现了沙漠化。

明朝建立初期，朱元璋奉行“帝王创业之际，用武以安天下，守成之时，讲武以威天下，御边之道，固当示以威武，尤必以持重”的策略。因此，朱元璋大力强化军队，采用的主要措施是屯垦与移民。大批军队将士移民的到来，加快了河套地区附近的土地开垦。原先拥有大量植被的区域被人们开垦成了耕地。开垦的过程也推进了民族文化的交流与融合。移民的浪潮从明朝持续到了清朝。清朝在对包括河套平原在内的西北地区的管理上花费了极大的心血。俗话说，投入和产出是成正比的。因此，清朝也是在历朝历代中对西北地区的管理最为成功的朝代。清朝对西北地区的政治、经济、文化方面的统治采取了独特的措施，制定了一套符合当地特色的政策，收到了较为明显的成效。

河套地区是中国古代游牧文明与农耕文明冲突与交融的地区。重要的军事战略意义使其成为“兵家必争”之地，北方游牧政权与中原政权将此作为战略防御的重点。从先秦到汉唐时期，几次大规模的军事防御建设对河套文化的发展均起到了促进作用。遍布于阴山的长城是时至今日遗存的重要历史文物。游牧民族与中原民族的军事管理制度是河套地区最早的制度代表，也是河套文化的重要内涵。河套文化始终与军事战争挂钩，而由军事战争所萌发的文学艺术也是河套文化的重要内容。从一些隋唐时期的诗词典籍中可以看到将士们在边塞军旅生活中的喜怒哀乐以及对家人的殷切思念，中国古代的边塞诗歌是戍边战士丰富情感和战争感悟的真实写照。河套地区作为汉、唐时期的边塞战略要地，其中的一些地名已经成为边塞文化的象征。每当看到这些地名，便会令人想起那“大漠孤烟直，长河落日圆”所描述的壮美景色。阴山，作为河套地区最为著名的地标，李白《塞上曲》中有“命将征西极，横行阴山侧”，李世民《饮马长城窟行》中有“瀚海百重波，阴山千里雪”等描述。这些诗歌从侧面反映了阴山是游牧民族聚集的地区。五原是汉代时期设立的边郡，诸多文人墨客对此也有所描绘。如骆宾王《早秋出塞寄东台详正学士》中有“促驾逾三水，长驱望五原。天阶分斗极，地理接楼烦”，李白《塞上曲》中有“五原秋草绿，胡马一何骄”等诗句。

生活在河套平原的人们不仅保留了自己传统的饮食习俗，而且在生活环境和古代战争的影响下形成了极具特色的饮食文化。羊肉是游牧民族最喜爱的食物，时至今日，当地最著名的一道菜就是手抓羊肉。[①] 在

① 王珊，吕君．内蒙古中部文化旅游资源开发模式分析［J］．干旱区资源与环境，2009，23（11）：166-170.

游牧民族的日常生活中，肉食是他们每顿饭必不可少的主食。在高原艰苦的环境中，外出游牧的牧民，受环境条件的限制，无法每天都回到自己的驻地。因此，将羊肉作为他们的主食，会使他们在较长的一段时间内不会产生饥饿感。对于军队将士来说，羊肉也能让其在征战途中长时间保持战斗力。油茶，俗称“肉面子”，制作简单，易于保存。河套地区的油茶，用热水冲过后碗里没有面疙瘩，在吃的时候入口不沾腭。做好的油茶可以保存两到三个月，即使是在高温的夏季也不会变质。由于油茶携带方便、便于储存、冲泡节省时间这些优点，古代将士们在行军打仗的途中只要背上油茶，吃饭就不成问题了。在河套地区，不管是羊肉还是油茶，都与战争有着密切的关联。

服饰的变化反映出由战争所带来的民族文化融合。当地的蕃服主要流行于唐、宋、元时期。蕃服是多民族服饰的混合体，是服饰文化尚未形成统一的体现。从唐朝开始，河套地区就有了来自各个国家的商人、大使、将士的足迹。而到了北宋、西夏时期，经由玉门、酒泉等地，百姓也从西夏来到中原地区。元朝时，蒙古大军来到中国，大批阿拉伯人、中亚军人、波斯商人也来到西夏。[①] 随着战争和迁徙，留在当地的外来人逐渐演化成了“回回”。据记载，元世祖忽必烈“签西夏回回军”，随后忽必烈又下令“探马赤军，随地入社，与编民等”。宋朝时，当地的服饰和中原服饰还是有较大差别的。《天下郡国利病书》中记载：“宋时番商巨富，服饰皆珍珠罗绮，器用皆金银器皿。”[②] 这充分反映了当地的服饰精美。人们身上佩戴首饰珠宝，说明他们生活富裕。当地的人们与中原的商人交往密切，促成了服饰文化等方面的交融。到了

① 项英杰. 中亚：马背上的文化［M］. 杭州：浙江人民出版社，1993：218-314.

② 顾炎武. 天下郡国利病书［M］. 黄坤，点校. 上海：上海古籍出版社，2022：16-19.

明朝时期，朱元璋下令百姓必须统一着汉装，严禁穿“胡服”，少数民族的服饰就不再流行了。

## 第四节 蜀道难

一千三百年多前，李白通过他惊为天人的想象力创作出了《蜀道难》，描绘了入川道路上的绮丽艰险。中国古代的四川包括现在的四川和重庆，是一个包括整个四川盆地和周围高原地带的“大盆”。这个“大盆”的位置不简单，位于我国大陆地势三大阶梯中的第一级和第二级，处于第一级青藏高原和第二级长江中下游平原的过渡带，西高东低的特点明显。川西第一高峰贡嘎山海拔七千五百余米，川东巫山附近的长江河谷仅八十米左右，两者相差七千余米。正是因为高低悬殊、四周环山，所以四川自古就有出不去、进不来的特点。因而在中国历史上，四川就成为抵抗外族袭扰时间最久、抵抗意志最坚决的地区。割据四川的政权也很难逐鹿中原。

四川盆地自西向东分为成都平原、川中丘陵、川东平行岭谷。[①] 四川盆地是中国著名的红层盆地，地表岩石主要为紫红色砂岩和页岩。这两种岩石极易风化发育成紫色土。紫色土含有丰富的钙、磷、钾等营养元素，是中国最肥沃的自然土壤之一。优质的土地在勤劳的中国人手中培育出了发达的农业体系。四川农业素有精耕细作的传统，形成了夏收作物、秋收作物、晚秋作物一年三季的耕作制度。在先秦，四川就是秦军出川横扫六合的粮食基地。抗战时期，四川为全国各战区供给了超过

---

① 王志艳. 巴蜀文明：走进四川文明［M］. 哈尔滨：黑龙江人民出版社，2006：9-10.

八千万石粮食，有“全国后勤基地”的名号。如今，四川依然是我国的粮食主产区。四川农业的发展为全国的粮食安全做出了重要贡献。

在拥有优质耕地资源的同时，四川盆地还蕴藏着丰富的矿产资源，包括煤、石油、天然气、磷灰石、硫黄等。其中，四川天然气、芒硝的产量为全国之冠，并有中国重要的锶矿。四川矿产资源分布相对集中，区域特色明显，以中、低位的贫矿为主，富矿少，多数矿床易采，选矿性好。四川着实是一个“聚宝盆”。不过，茨威格有一句名言，“所有命运馈赠的礼物，早已在暗中标好了价格”。独特的地理位置让四川拥有肥沃的土地、丰富的矿产，也让四川成为全国自然灾害最严重的地区之一。四川地理环境复杂，地壳运动活跃，人类工程影响广泛。四川的主要灾难包括滑坡、崩塌、泥石流、洪涝、地面塌陷、地裂缝、坑道突水、瓦斯爆炸等。在人们的记忆中，2007 年 7 月上旬四川连续遭受严重的暴雨洪涝灾害，2008 年 5 月 12 日四川汶川特大地震，2012 年 8 月末川渝暴雨洪涝灾害，2017 年 6 月 24 日四川阿坝茂县叠溪镇新磨村突发山体高位垮塌，2019 年 3 月 30 日木里大火……除了以上列举的重大灾害，四川每年都会发生大大小小数十起各种类型的气象灾害和地质灾害。四川的山火和矿山事故也是巨大的安全威胁。频发的地质灾害使得四川成为我国的“地质灾害博物馆”。四川的地质灾害不仅频率高而且规模大，严重威胁着四川人民的生命财产安全，制约了四川的经济发展。特殊的地理位置和自然环境给予了四川人民优越的耕作环境和自然资源，但也带来了时时刻刻都需要提防的天灾人祸。当然，灾难从来没有将四川人打倒。在灾难面前，人们彰显出了团结一心的精神和不惧牺牲的英雄气概。不论是在经历了大地震的汶川人民还是在木里大火中挺身而出的消防员，都有着四川人身上的不屈与骄傲。

重庆是一座有着悠久历史文化的名城。长江和嘉陵江环抱，东、南、西三面的天堑是防敌制胜的天然屏障。在古代，人们经常依山傍水建立城镇，便于设险防守，又便于交通用水。所以两江所汇之处正是生息的好地方。在氏族部落阶段，巴人生活在重庆地区。[①] 隋朝改“楚州”为“渝州”，因为巴人所居渝水而得名。然而，居住在渝州附近的南平蛮及泸地少数民族常因事生乱，渝州成为戎汉冲突的频发区，朝廷也产生了“非我族类，其心必异”的疑虑。宋末，宋徽宗认为“渝”字寓意不祥，除水名之外就只有“改变”之意，难道这方人士要叛变不成？后来赵谂事件的发生，似乎印证了朝廷的忧患。随即，宋徽宗改“渝州”为“恭州”。“恭”者，取的是恭恭敬敬、服服帖帖之意。南宋时期，宋孝宗将帝位传给了他的第三子恭王，即宋光宗。宋光宗曾受封为“恭州王”，即位后把他的生日称为“重明节”，恭州升为“重庆府”，被誉为“双重喜庆”。然而，历史却少有怜惜和善待这座小城，重庆饱受了太多的自然灾害与战争灾难。经过灾害与战争的洗礼，原始的巴域、巴人已不复存在，而巴山渝水、寻常巷陌却永远镌刻着“巴”的记忆、“巴”的风尚。巴人的风貌仍鲜活地表现在重庆人灿烂的笑脸上、豪爽的言谈里、果敢的行为中。如今的重庆已出落成一座兼具风情与性格的小城。坐山拥水，层峦叠嶂，山水相辅，乃成此钟灵毓秀之地。

“山城”多指依山而筑的城池。唐代诗人白居易在《郡中》一诗中写道：“乡路音信断，山城日月迟。”同时“山城”也指依山固守的营垒。《六韬·鸟云山兵》：“衢道通谷，绝以武车，高置旌旗，谨敕三军，无使敌人知吾之情，是谓山城。”山城就是依托山地修筑建设的城镇，主要集中在人口众多且经济发达的山丘地带。城在山上，山在城

① 孟小军. 重庆文化产业发展研究［M］. 重庆：西南师范大学出版社，2017：7-10.

中。山即是城，城即是山。“名城危踞层岩上，鹰瞵鹗视雄三巴。”如今“山城”已成为重庆市的别称，重庆也因其在山地中建立城市而闻名。山城其实是一种建城形态，国内有很多其他的“山城”，如辽宁省本溪市、山东省青岛市等。因为重庆市是中国最著名的山城，所以山城在某些时候便特指重庆市。

山水之间的重庆，由于地处川东盆地的边缘，四面群山环抱，两江交汇，地面风速低，江面潮湿的空气处于饱和状态，雾气较多。重庆每年雾日一百余天，雾日之多冠于全国，是名副其实的“雾都”。重庆人经常被浓雾笼罩，如同生活在梦幻之中，容易产生虚无感和缥缈感，从而产生对鬼神的信仰。著名的丰都鬼城就在重庆辖区内。《南平志》称恭州、涪州地区的人“向鬼信巫”，除了受楚文化和夜郎文化的影响之外，与“雾都”的气候也有很大关系。重庆位于四川盆地东部，位于我国第二级阶梯上，属于青藏高原东坡向长江中下游平原的过渡地带，地势由南北向长江河谷逐级降低，其地貌形态复杂多样。因位于中国大陆第二级阶梯的前沿，与相邻的江汉平原形成了巨大的地形对比，第三级阶梯相对凹陷，促进了河流强烈的切割侵蚀，形成了重庆边缘山破碎起伏的地形。特殊的地形地貌特征是重庆地质灾害频发的重要原因。重庆是全国地质灾害最严重的地区之一，每年滑坡、崩塌、泥石流等自然灾害频发。

重庆属于亚热带湿润季风气候。热量丰富，冬暖夏热，霜雪极少，降水丰沛且季节分配不均，受季风和地形影响多暴雨，极易发生洪涝灾害。夏季35℃以上高温持续时间长，极端高温可达到44℃，被称为长江流域“三大火炉”之一。据记载，古代重庆地区“盛夏无水，土气毒热，如炉炭燔灼，山水皆有瘴而水汽尤毒”。重庆周围的山仿佛把重庆围成一座热的囚牢。这种“毒热”的气候条件，对重庆人的性格产生了重大的影响。重庆人脾气火暴，性子刚烈，与“火炉”的长期蒸腾是有很大关系的。

“钓鱼城何处，遥望一高原。壮烈英雄气，千秋尚凛然。”在 13 世纪，无论是对合州、重庆，还是对巴蜀、南宋，甚至对亚洲、欧洲而言，钓鱼城都是威名赫赫、极有影响力的重要军事堡垒。宋蒙战争时期，成都失陷后，重庆成为四川治所。特别是余玠帅蜀时，坐镇重庆指挥，在全川依山据险，筑城抗战，建立山城防御体系，以合州钓鱼台为中心，演出了一幕幕惊天地泣鬼神的历史剧。[①] 合州钓鱼城独钓中原，是支撑南宋半壁江山的中流砥柱。一个弹丸之地，能抵御蒙元倾国之师，坚守抵抗三十六年，以少胜多，以弱胜强，竟然使蒙古国的大汗伤死城下。这是中外古今战史上罕见的奇迹，其深远的历史意义和军事意义常为后人所称道。

合川古称合州。[②] 钓鱼城在南宋时为合州治所，是重庆的屏障。从地理位置上看，合州钓鱼城与重庆同在嘉陵江畔。不同的是合州居中游，处于嘉陵江、渠江、涪江三江汇口；重庆居下游，处于长江与嘉陵江汇合处。从历史沿革、历代政区治地看，重庆和合州均属紧密相连的政治、经济、军事要地。重庆古称江州，为巴子国国都，合州则是巴国治下的一个大族——濮人的聚居地。钓鱼城在今重庆市合川区内，距重庆市区 81 千米，是南宋时期修筑的一座石头城。宋端平年间，宋蒙战争全面爆发后，北兵不断入蜀袭扰。南宋四川制置使和地方将帅先后在钓鱼山上筑城、扩城，据险保民，抗御袭扰。钓鱼城经过多次修筑，成为我国古代冷兵器时代筑城防御战争史上的丰碑，在三十六年的战争中固若金汤。

---

① 胡昭曦. 宋蒙元关系史［M］. 成都：四川大学出版社，1992：44-47.

② 顾颉刚. 论巴蜀与中原的关系［M］. 成都：四川人民出版社，2018：1-93.

南宋建都临安，居长江下游，四川居长江上游。四川北通甘陕，南达云贵，西通青藏，东扼吴楚咽喉。陆有剑门雄关，水有三峡险阻，是可攻可守的重要战略防御要地。但四川幅员辽阔，其防御中心又在何处？合州钓鱼山居巴蜀之中，扼三江之口，加之地形独特，天生奇险，确是巴蜀之屏障、渝夔之门户、全蜀之关键。从战史上看，合州历来是易守难攻之地。这里依山傍水，地势险要，尤以钓鱼山位置最好。四川是天府之国，每年的财政收入约为南宋全部收入的三分之一，是南宋重要的军需和兵源供给的后方基地。合州处于三江六岸，土地肥沃，物资富足，盛产稻米、桑蚕、柑橘、生猪、鱼禽、食盐。钓鱼山下盛产青梅，青梅腌制成的盐梅是当时著名的保健清凉食品。西晋左思的《蜀都赋》中称这里为“要害”“膏腴”之地。作为巴蜀腹心地带的合州是极好的聚粮屯兵之所。从军事布防上看，钓鱼城是全川防御的要点和支柱。余玠帅蜀期间，在全川修筑了二十余座山城，其中以云顶、运山、大获、得汉、钓鱼、白帝、青居、苦竹为八柱，钓鱼城居中，是八柱之首。四川四大戎司的兵力分驻大获、青居、钓鱼、云顶四城中。以钓鱼城为中心的山城防御体系，“如臂使指，气势联络”。

在宋蒙战争的三十六年里，钓鱼城历经数百次战斗，仍巍然屹立，终攻不破。这是中外古今战史上罕见的。钓鱼城拥有余玠、王坚、张珏等将领多谋善断、智勇双全，加固城防，挖池蓄水，耕战结合，水陆相济，军民共守。钓鱼城内不仅聚集了合州之民，而且还有亲、巩、利、沔来此避兵祸之民，军民联防，“官兵协力，是以能坚守力战”。钓鱼城下筑有南北水军码头，设有水师。蒙军攻城时，张珏利用水师使其受阻。钓鱼城军民除防御守城外，城内有暗道通城外，可主动出击敌军。

蒙元政权崛起靠的是骑兵的军事优势，而骑兵迂回包抄法的战术不适宜于川东山地。在重庆地区，宋人抗击蒙军骑兵的进攻中，创立了以钓鱼城为中心的山城防御体系。四川军民采取山水城池控点，江河连线，沿长江、嘉陵江、渠江、涪江、沱江等水系沿岸的险要山地创筑、修筑山城，形成了全面布防而横纵立体的山城防御体系，以致蒙军攻取南宋四川地区长达半个世纪之久。四川地区的山城防御体系，继承了之前防御体系的优点，相比春秋战国时期的城池防御体系，拥有险山这一天然屏障；相比秦汉时期长城防御体系，拥有临江这一天然防护。钓鱼城纵深、多点、城池和要塞相结合进行总体防御，是在消极防御的条件下，唯一可以与世界上最强骑兵相抗衡的作战形式。

任何一种文化的产生都受其特定的社会历史背景、自然地理环境影响。巴蜀地区自古以来积淀的人文文化精神也是促使钓鱼城之战持续几十年的原因。钓鱼城一带属于山地丘陵地带，深沟险壑，地势险要。加上该区域地形封闭，自然条件极其恶劣，艰苦的自然条件养成了巴蜀子民不畏艰险、质朴豪爽的独特性格，造就了他们强悍勇猛的尚武文化。巴蜀子民自古以来民风彪悍、以武为能事。在南宋朝廷的号召和蒙元铁骑屠掠的刺激下，巴蜀子民长期积淀而成的尚武精神被激活，在钓鱼城抗蒙战争中立下了不朽功勋。

重庆自然条件的特点是大山、大水、大雾、大火炉。这样的自然环境，既赋予了重庆人山水的灵气，也塑造了重庆人劲勇刚烈、豪放不羁的秉性。在中国这个有着悠久饮食文化历史的国家，有很多美味的食物和不同风格的地方风味。东南西北各有千秋的美食，名称五花八门，味道也各不相同。由于重庆地处盆地，冬天非常潮湿，水分不能散去，所以当地人喜食辣，用辣来驱除体内的寒气。夏天雨水充足，空气湿度大，火锅有助于排除身体内的毒素和湿热。海椒、花椒本身也有暖血、补气、祛湿的功效。于是，以辣著称的重庆火锅成为当地最著名的美食之一。

“火锅”不仅是食物的名称，也是烹饪用具的名称。虽然火锅的容器、制作方法、调料都经历了几千年的演变，但它们有一个共同之处，那就是都是用一锅火烧水、涮菜。重庆火锅起源于川南江城泸州，成型于重庆。[①] 重庆火锅较集中的地方在小米滩。据说以前长江边上的船工跑船常宿于小米滩，停船即生火做饭驱寒，炊具仅一瓦罐，罐中盛汤，加入各种蔬菜和“水八块”，又添以海椒、花椒祛湿，船工吃后，美不可言。这种食用方法便沿袭下来。

重庆人的粗犷豪放表现在火锅上也是“大江东去”式的豪放，连店名都大有气吞山河之慨。重庆火锅店名常用的“巴将军”“巴倒烫”听起来颇有重庆人的豪侠气质。重庆火锅源于民间，升华于庙堂，贩夫走卒、达官显宦、文人骚客、商贾农工、红男绿女、白发垂髫都是消费群体。重庆火锅消费群体涵盖之广泛、人均消费次数之大，都是其他地方所望尘莫及的。作为一种美食，重庆火锅已成为重庆一张色彩缤纷的“麻辣”名片。到重庆，吃火锅已成为固定项目。今天的重庆火锅也早已走出重庆，风靡全国。

## 第五节 京味儿

做过古都的城市不在少数，西安、洛阳号称十三朝古都，开封曾是八朝古都，相比之下，北京的都城史并不长。但作为明清两朝古都，皇帝居住的宫城能很好地保留下来，甚至到20世纪五六十年代还有不少前朝遗老遗少在此生活，这却是非常独特的。人们对明清这段历史比汉

---

① 刘可琳. 重庆火锅［M］. 石家庄：河北科学技术出版社，2016：1-12.

唐更加熟悉，时间上的贴近让人们对北京产生一种亲切感。再加上如今的北京是全国首都，延续了北京“都城”的特殊地位。世代生活于此的北京人在朝代更迭、风云际会的历史演变中，在长期对抗自然灾害和封建统治压迫下，形成了自身独特的地域性格。高贵优雅又不失风趣，粗俗痞气却不致沉沦，爱自嘲，能包容，摆脱不掉的正统感和敢说敢做的创新精神，都是北京人的独特之处。这些性格上的特点，一言以蔽之，就是“京味儿”。

天子脚下，皇城根上，北京人的贵族精神来得不无道理。毕竟明清两朝，北京人见证了紫禁城里的皇帝换了一茬又一茬，哪位皇帝身后不是跟了一大群皇亲国戚、王公贵胄。贵族无关乎血统、身份、权力、地位，北京的贵气体现在优雅、自信、大气、宽容。这些是长期的文化积淀慢慢形成的。久而久之，“京味儿”作为北京人独特的气质，成为北京的特色。这“京味儿”里也包含着北京人能将灾难化险为夷的气度。

北京有许多歇后语，不少都能看到北京人特有的幽默。其中有两句，“水淹北京城——天天淹，淹不到城”，“火烧潭柘寺——天天烧，烧不到寺庙”。北京多发水灾，水淹城墙在历史上也确有其事。不过这句话所说的“水淹北京城”指的是万宁桥下的一根石柱，上面刻有“北京城”三个字。平时河水只能够到“城”字，若是水位涨到“北京”二字上面，则北京城很可能发生水灾。所以水淹北京城，天天淹的其实是这石柱上的字，不是真正的北京城。“火烧潭柘寺”也是一样。潭柘寺并不指真正的潭柘寺，而是说寺庙里做饭用的锅外灶墙上刻的字。寺里和尚烧火做饭时这几个字会被烧到，目的是让大家注意防火。

因长期作为权力中心地带，人们对北京产生了“中心意识”。“不到北京不知道官小”“在京大三级”，京官与地方官都有明显的差别，更不必说百姓之间了。人们生病愿意到北京大医院找大夫，考大学愿意报考北京高校，找工作愿意“北漂”。这些都是因为北京有着全国其他城市无可比拟的巨大优势。长期作为全国政治中心，北京人崇政尚官的意识非常明显。北京人善“侃”，“侃”就是“侃大山”，意为高谈阔论，带着那么点吹牛、神聊的意思。“侃”是老北京人的一种生活方式，茶余饭后的街坊四邻聚在一块儿，上至天文，下至地理，山南海北，荤的素的无所不包，侃的最多的就是时事评论。有句话叫“北京人侃主义，广东人谈生意”。北京的出租车司机，几乎个个都能侃、会侃、敢侃，一路上带乘客了解时下政治、经济、文化生活中的大事小事。因为接近权力中心，北京人获取信息的机会和条件往往也是超前的，甚至一些“小道消息”，北京人都能比其他人先知先觉。

要论起幽默来，北京人的幽默也远非其他地方人可比。幽默是种艺术，幽默是种大气，北京人的幽默透着他们的底气。就拿“侃”来讲，把普通人的聊天说成“侃大山”的也只有北京了。非但如此，北京人还把“侃”当作一种绝活、一种能力。所以“侃”得上了路、上了档次便称为“爷”，“侃爷”一词应运而生。由此产生了寓庄于谐、引人发笑、深受观众喜爱的艺术表现形式——相声。北京人吵架很少动手，骂人也不带脏字，还要说上一段大道理。他们还很会自嘲，自嘲显示出北京人的一种大度。尽管自嘲贬损了自己，却显现出真诚、气度与睿智，赢得别人的尊重。这是北京式幽默的胜人之处。

自古燕赵多侠士。北京人继承了燕赵大地上的侠客之风，见义勇为，当仁不让，豪爽正义，敢为朋友两肋插刀，路见不平拔刀相助，“大碗喝酒，大口吃肉”。北京人喝酒喜欢二锅头。这酒的度数高，酒液清亮透明，香气芬芳，入口甘润、爽冽，酒力强劲，后劲绵长，回味无穷。北京人喜欢吃烤牛羊肉，大概是承袭了游牧民族的习惯。北京人喜吃烤肉，也是和当地冬季寒冷的气候条件相适应的。吃烤肉可以驱寒、取暖，北京人吃烤肉的方式也别具特色。据说中华人民共和国成立前，在前门外门框胡同有一家餐馆供应烤牛肉，在露天屋顶上，几人围着一个平锅，下面烤着松枝，旁边放着新鲜的牛肉。火周围摆了几条长凳，这长凳不是拿来坐的，而是叫人一只脚蹬在凳子上，一只脚站在地上。食客们一手拿着长筷，一手举着酒，“浓烟熏得涕潸潸，柴火光中照醉颜。满盘生膻凭一炙，如斯嗜尚近夷蛮”。除了烤肉，北京人还喜欢涮锅。火锅也分南北，与重庆的毛肚火锅、苏杭的菊花火锅、广东的海鲜火锅不同，老北京喜欢涮羊肉火锅。相传这是忽必烈所创。他在征战沙场的时候，往往来不及吃完一顿饭就要上马杀敌。厨师想了个办法，把现宰的羊肉切成薄片置于锅中，涮几下即熟，再辅以佐料蘸着吃，方便又美味，深受忽必烈钟爱。这道粗犷豪爽的美味到了清朝，已成为一样宫廷美食，每年立冬都要食用。如今的北京人，也喜欢在冬季约上三五好友一起下馆子涮羊肉，再配上一瓶二锅头，那才够味儿、地道。

毗邻北京的承德是一座风景优美的塞外名城，有“紫塞明珠”的美称，也是世界文化遗产“避暑山庄”及其周围寺庙群的所在地。早在新石器时代，人们就曾劳动、生活在这片土地上。承德在商代被称为“土方”，到西周及战国时期一直属于燕国封地。东汉时期由乌桓管辖，而后又为鲜卑族管辖，到了魏晋时期仍是乌桓、鲜卑各族的聚居地。在承德历朝历代的变迁中，许多少数民族的经济和文化在这里得到进一步发展，如匈奴、乌桓、鲜卑、契丹、突厥、蒙古等。直到清初，康熙皇帝为了避暑和加强各民族的团结，在这里大兴土木工程，而后又经历了三代皇帝八十九年的修建，最终建成避暑行宫，并设置承德府。承德是爱新觉罗家族的嫁妆，是一个陪都，在封建历史的最后一刻加入了中华的核心文化区。但是作为一个文化交融的城市，承德也有自己的历史轨迹。发生在承德历史上的一些灾难也对人们的文化、饮食、风俗习惯造成了影响。

承德属燕赵之地，自古多慷慨悲歌之士，也造就了世代相传的燕赵侠风。《打狗棍》《勇敢的心》这两部影视作品讲的就是发生在承德的实实在在的故事。故事的主人公们在经历了艰苦卓绝的社会变革和种种灾难的磨砺，成为传奇人物。俗话说，一方水土养就一方人。承德人果敢、豪爽、不服输的性格就与不畏灾难、敢于抗争有着密切的联系。在承德农村，许多人家里还有火炕。承德的火炕与东北的火炕很相似，用于取暖生存。[①] 承德历史上多冰冻，物资食物又匮乏，所以砌起火炕既能在墙边做饭，又能在燃烧柴火时产生热量暖热房子，不会在夜晚休息时着凉生病。这些人们在灾害中积累起来的生活经验，一举多得而且沿用至今。地窖在承德农村地区也非常常见，地窖最原始的作用就是为了对抗严寒而储存粮食，使食物可以延长保质时间，以保证渡过物资匮乏的难关。

“好吃”是承德人骨子里的情结。先拿小吃来说，在承德最常见的就是平泉羊汤——浓浓的羊肉羊杂汤，再配一个刚出炉的芝麻烧饼。清真的“扒羊肉”也是一绝，“满汉全席”的烤羊腿也是经典美味之一。“大三和”的黑炭铜锅涮羊肉，味道也特别正宗。承德人酷爱喝羊汤、吃羊肉的饮食习惯与承德所经历过的灾难有一定的关系。因为承德紧靠辽蒙地区，每每一到冬季就寒冷异常，而且有大规模的冰冻、雪灾发生，农户所养的牲畜多数被冻死、冻坏。羊肉热量高，能够满足人体抵抗寒冷和冰冻的需要。古代生活在承德的少数民族较多喜吃羊肉。当地清早喝羊汤也就成为一种习惯。而这一饮食习惯流传了下来，甚至在吃

① 崔志远，葛振江. 燕赵风骨考论［J］. 河北师范大学学报（哲学社会科学版），2002，25（5）：99-106.

法上还得到了延伸。

承德人对于生活秉持一种慢节奏的态度。承德人不会疯狂挣钱，反而懂得休息，懂得享受。早上起来，老大爷们儿聚在避暑山庄门口，提着鸟笼子悠然地晒着太阳。聚集着人群的鸟市、热闹的文玩摊位也都是很好的证明。承德人生活节奏慢与当地历史上自然灾害频发有一定的联系。承德在历史上水灾频发，造成了大量百姓流离失所、性命堪忧，老一辈人提起水灾仍然会后怕。在经历一次次水灾的侵袭、大量财物被冲毁后，承德人反而放下了追名逐利的心理，逐渐养成了享受生活的人生态度。

承德有自己独特的文化，有关于民族风俗的，有关于故事传说的，还有关于萨满神话的。承德曾流传过萨满教，至今还有许多史前神话传承下来。[①] 如珲春库伦七姓的《火祭神谕》中就记录了一则神话。从前，天上地下都是水，汪洋一片，人类在汪洋洪灾中挣扎。这时候有一只小海豹救出了一男一女，才使得人类得以延续。天母又派神鹰妈妈叼走了二人的女儿，哺育她，使她成为人类的第一个女萨满。在被洪水吞没的人群中，一部分变成了鱼首人身的德立克女神，把光明与生命之水送给人间，被敬为“东海妈妈”。后来，大地又受到冻灾，四处都结成了白色的冰。俊秀的拉哈女神则盗来了天上的太阳。她口衔太阳，将光明与火送到人间，而自己被烧成怪兽。她带来的光滋养了满族一众部落，养育了满族的子孙，使他们茁壮成长。萨满教神话中的女神表现了先民在面对自然灾害、与自然灾害斗争时培养起来的英雄主义精神。看似是神话故事，但也通过神话折射出人们面对灾难时的真实经历。

---

① 陈旭霞. 燕赵文化脉理探析［J］. 中华文化论坛，2004（3）：84-88.

## 第六节　八桂民族

“一方水土养一方人”，孕育一方文化。广西壮族自治区位于中国西南边陲，自秦始皇统一六国、平定百越之地之后，广西就被中原王朝牢牢掌控。广西自古以来是一个多民族聚集的地区，如今也是全国少数民族人口最多的地区，居住着壮、汉、瑶、苗、侗、仫佬、毛南、回、京、彝、水、仡佬等十多个民族。[①] 广西是全国壮族、瑶族、仫佬族人口最多的地区。历史上的广西发生过多次旱灾、水灾、地震、蝗灾、瘟疫，灾害种类多且频发。作为华夏文化的一部分，又有着地理位置和多民族的独特性，广西的八桂文化在受到中原文化影响的同时保留了自身的特色。广西能吸引这么多民族来此定居，却并不是一个灾难少的地方。人们经历的战争、水灾、干旱、瘟疫、高温等灾难在民族记忆中留下印记。灾难的印记融入民族文化并不断传承，烙印在民族文化中的灾难元素也得以一代代延续。

广西的自然灾害主要有水灾、旱灾、蝗灾等。[②] 自古以来广西就遭受严重的洪灾，且随着时间的推移有逐渐加剧的趋势。广西洪灾主要分布在大江、大河两岸及山间盆地与山前地带。广西洪灾严重的原因主要是季风气候造成的降雨年内、年际分布不均，集中在夏季的降水占年降雨量的40%到60%。此外，广西的地形造成降雨量的地域性差异，雨水集中于山地迎风坡。虽然河流中上游地区河岸陡高，但洪水位也高，

---

① 莫家仁，陆群和. 广西少数民族［M］. 南宁：广西人民出版社，1996：1-5.

② 黄秀峰. 广西少数民族人类学研究［M］. 长春：吉林大学出版社，2010：1-11.

所以地势稍低平的地方很容易被淹。

分布于广西的壮族是稻作民族，种植水稻需要大量的水资源。因此壮族人民大多在沿河或山谷等地势低洼的地方居住。广西每年种植两季稻谷，一季稻在清明左右种植，小暑时节收割；二季稻在大暑时节种植，10月左右收割。在水稻种植之际需要适量的水源，过旱、过涝水稻都不易生长，加之广西的雨季主要集中在春夏两季且雨量大，极易引发洪涝灾害。因此，每当雨季来临之前，壮族人民会进行祭祀仪式，祈求风调雨顺。古代，科学技术不发达，人们无法抵御自然灾害的侵袭，加之缺乏对自然规律的正确认识，人们往往将希望寄托于万物具象而成的神明，由此演变出了壮族崇拜山神、树神、水神等大自然万物神灵的“祭竜”祭祀文化。① 每年的“三月三”是祭竜节。作为壮族最为重要的传统节日之一，在春耕备耕之际，每年的农历三月的第一个属蛇日，壮族要过“三月三”节，举行祭竜仪式。祭司念诵祭文，人们向着神龛跪拜，双手合十，庄严肃穆，虔心祈福。人们向上天祈求风调雨顺、祭祀祖先、保佑家人平安，歌唱美好生活。祭竜仪式世代沿袭，是壮族敬畏神灵、尊重大自然的一种生活态度的体现，也是对自然灾害的一种朴素的规避行为。它沉淀着壮族人民对灾难不屈不挠的精神和对美好生活的向往。

壮族文化中对于洪灾的记忆不仅体现在“祭竜”祭祀中，也烙印在壮族人民的日常生活中。早在先秦时期，广西史称“骆越国”。据《淮南子》记载，广西地区在秦时就生活着势力强大的土著民族西瓯、骆越。最初，蛙图腾是西瓯部落的图腾。到了春秋战国时期，壮族祖先统一了瓯越，蛙图腾受到全体壮族的崇拜。壮族先民的图腾崇拜延续至

① 祁文昭. 我国西南少数民族地区“祭竜”仪式探析［J］. 中国地名，2020（5）：46.

今，他们非常喜欢青蛙，以至于有些地方的壮族还有专门的“敬蛙仪”，禁止捕杀青蛙和食用蛙肉。“广西十八怪”其中一怪就是“大年初一祭蚂拐”。“蚂拐”在壮语中是青蛙的意思。正月初一，壮族需要全体出动去田野里找蚂拐，第一个找到蚂拐的就是“蚂拐使者”，成为节日首领。他们迎回蚂拐，密封于宝棺之中，再端入花楼，在震天动地的铜鼓声和鞭炮声中送往蚂拐亭。魔公做法事，祭拜蚂拐，人们唱蚂拐歌，跳蚂拐舞。从初一到月底，白天给蚂拐守孝，晚上还要为蚂拐守灵。守灵满二十五夜后，葬蛙，杀鸡宰鸭，蒸五色饭，早饭后送到坟场安葬。还要打开上一年的宝棺，视蚂拐颜色以卜吉凶。

壮族作为稻作民族，在原始社会时就以稻米为主食。因此，水稻的丰收对于壮族来说有着至关重要的意义。壮族生活在华南地区，气候湿热多雨。每到夏季夜晚，田间地头响彻着阵阵蛙声。壮族人民普遍认为，青蛙的叫声与天气有着某种特殊的联系，“农家无五行，水旱卜蛙声”。人们普遍认为，蚂拐一叫，雷雨就到。蚂拐越多的地方，庄稼的病虫就越少，就越容易丰收。由于先民无法掌握这些自然现象背后的内在规律，简单地归纳总结这些现象，因而将蚂拐神圣化。他们希望通过对青蛙的崇拜来获得庇护，祈求风调雨顺，农作不旱不涝。而且，青蛙作为益虫，能够捕食水稻地中的大量害虫，防止稻米受到害虫的啃食，保证了稻谷的丰收。可见，壮族崇尚蛙图腾也包含了防病虫害的考量。此外，青蛙具有旺盛的生命力和强大的繁殖能力。在生产力普遍低下、生存环境恶劣的古代，农业劳作需要大量的劳动力，生存繁衍就被置于神圣的地位。青蛙旺盛的生殖能力，符合人们多子多福的心理。因此，人们希望通过对青蛙图腾的膜拜获得力量，将这种强大的繁殖能力转移到人类身上。

壮族生活在多雷雨地区，壮族人民对于青蛙的崇拜与他们的雷王崇拜也有关联。在壮族文化中，雷王具有呼风唤雨的能力，而“蚂拐”是雷王的爱女，她下凡掌管凡间的风调雨顺。于是，人们把对雷雨天气的恐惧移植到现实中，转化为对青蛙的崇拜。因此，人们将青蛙作为自己的精神寄托，通过祭祀、祈祷、歌舞、献祭等表现形式表达自己的情感。人们希望膜拜青蛙能够得到神灵的垂怜，风调雨顺，人丁兴旺，是在心理上通过精神满足来克服对自然灾害的恐惧。

干栏式建筑是南方各少数民族的主要居住形式之一。壮族大多居住在边远山地丘陵地区，为了适应南方亚热带气候区湿热、多雨的自然环境，他们建造出了具有自己民族特色的民居建筑。壮族的干栏式房子是三层的竹木结构，上层住人，下层架空，专门用来饲养牛、猪等家畜或存放农具、杂物。楼阁在上层的顶部，多用来储存粮食。屋顶为人字形，高于地面的底架和长脊短檐式的屋顶充分考虑了南方多雨的环境。《太平寰宇记》中有“构木为巢，以避瘴气”。张华的《博物志》也记载了“南越巢居，避寒暑也”。更早的《韩非子》记载有“上古之世，人民少而禽兽众，人民不胜鸟兽虫蛇，构木为巢，以避群害”。由此可见，壮族的干栏式建筑是壮族先民为了应对南方高温潮湿天气、瘴气和蛇虫猛兽而创造出来的，它是壮族灾难文化在建筑设计方面的体现。

瑶族有着“东方吉卜赛”之称。[①] 在历史上，由于刀耕火种的生产方式、自然灾害、战乱等原因，瑶族频繁而大规模地迁移。瑶族主要生活在高山地区。在高寒、险峻的山地中，人们积极开拓着山林资源，把所居住的山地变成丰富的天然宝库。瑶族信仰万物，认为自然界的神灵无处不在。日、月、雷、电、雨、风等自然现象，花、草、树、木、河、泉、石、兽等动植物，谷、火、猎、寨、门等人类行为等都被认为

① 潘琼阁. 中国瑶族［M］. 银川：宁夏人民出版社，2012：4-9.

有神鬼主宰。如大树、古井、巨石等具有悠久历史、形态巨大的物体也是瑶族崇拜的对象。它们被认为是有灵气的，拥有非凡的力量。万物有灵体现在瑶族生产、生活的方方面面。瑶族的生产处处体现着对自然的崇拜。人们在进行刀耕火种的生产活动时，往往对自然怀有敬畏之心。人们在翻土、播种、收割时，需要祭拜土地神。浸种、播种、收割、建仓、入仓、开仓都要择吉日祭谷神。种茶需由家里最长者去种，以祈求茶树长生不老，年年丰收。种竹时，周围的人要快跑起来，以祈求竹子多生窜根，快速生长。种棕苗时，人们要向棕秧磕头作揖。人们每年为获取棕树毛需要割开棕树皮，棕树年年挨刀受伤。因此，在种树的时候人们就对棕苗磕头以示歉意。瑶族对土地神、谷神、茶树神、竹神、棕树神的崇拜是为了保佑土地肥沃、五谷丰登、作物丰收。瑶族的这种信仰与其所处的生活环境密切相关。瑶族受中原民族的影响，主食以稻米为主。而在高山地区，气温低、水源少，险峻的地势并不适合稻米种植。瑶族生活的高海拔地区年降雨量偏少，地表蓄水差。每到干旱季节，农业生产就容易遭受旱灾的威胁。瑶族的耕作方式为广种薄收，农作物种下地后不重耕追肥，任其自由生长。在这种生产方式下，无论是稻谷还是茶叶、竹子、棕树都产量极低。而且历史上当地经常遭遇蝗灾。因此，在生产力极低的情况下，为抵御蝗虫、干旱等自然灾害，瑶族人寄希望于土地神、谷神、茶树神等虚无缥缈的信仰来实现丰收的愿望。

世居山林的瑶族与山的关系最为密切。他们认为动物、植物都由山神掌管。因此，人们在进山开垦、砍树、狩猎的过程中都会对山神进行祭祀。广西北部的瑶族坚信在举刀砍伐山林中的树木时必须要默默行事，不能大肆张扬，否则就会被树木压死或者受伤。树砍倒后还要给山神压纸钱，以示对山神的尊敬和感恩。广西南丹县白裤瑶族在进山狩猎的时候，需要用所捕获猎物的头颅来祭谢山神。在日常生活中，火神是瑶族最重要的神灵。瑶族生活在高山地区，天气寒冷，燃起的大火不仅能够驱寒，而且能够驱散游荡在居住区周围的凶禽猛兽。瑶族居住的高寒山区到了五毒月以及阴寒潮湿季节，蚊虫大量滋生，毒虫出没，瘴气挥发，人们极易感染而死。在古代，人们还没有足够的科学知识来解释这种现象，因此将之通称为“邪祟”。火代表着光明，温暖、光亮的火对人们意义重大。人们认为，明亮的火光也可以驱除隐匿在黑暗中的邪祟。早期先民普遍认为，火能够驱赶野兽、驱赶邪祟、保护生命。布努瑶还有专门的火神位，供奉总管火的火神。但是，火也不全是能够保佑人的。大山深处的竹木建筑极易引发火灾。因此，瑶族也信仰火鬼。一旦发生火灾，人们就会请师公念经，祈求天神灭火，让火鬼不要作祟。作为家庭的守护神，门神在瑶族日常生活中的地位也很重要。瑶族的门神崇拜与汉族有很多相同之处。门神可以是逝去的祖先，也可以是寨中崇敬的已逝之人。

由于瑶族是信奉多神崇拜的，有时候人们会同时祭祀好几个神。例如，在瑶族尝新节，人们饭前会在大门口设置一个香案，供上新米饭、新玉米等，请天神、谷神、土地神“尝新”。而且，各地瑶族的万物崇拜的内容并不相同。例如，有些地区的瑶族崇拜掌管雨水的“雷神”，有“雷日节”；有些地区的瑶族崇拜掌管河水的“龙神”，有“龙日节”。瑶族先民万物有灵、多神崇拜思想的源头在于对自然界的敬畏。为了抵御虫灾、旱灾、火灾等灾难，他们将身边所发生的无法解释的自然现象神圣化，将自然现象物化为神灵，以此寻求对自然灾害和未知恐惧的心理平衡。

由于刀耕火种的生产方式和自然灾害频发的原因，瑶族历史上迁徙频繁。瑶族祖先崇拜中有关于人死后灵魂需要回到祖籍地的传说。瑶族普遍认为人死后，灵魂会脱离肉体转为神或鬼，在另外的世界里永恒。供奉祖先能够使祖先的灵魂达到神的高度，从而能够庇佑家族平安、兴旺。在瑶族的传说中，人有三个灵魂。在人死后，一个灵魂去天庭，一个灵魂回祖籍地，一个灵魂被供奉在家中。其中，灵魂回祖籍地的传说与瑶族频繁迁徙的民族特性有关。瑶族族群在距离遥远的迁徙过程中分散，分布在各个地域。再经过数百年的变迁，人们的祖籍地已很难考证。肉体难以穿越时空回到曾经的祖籍地，但灵魂却可以在死后超越物质的架构回到祖籍地。祖籍地对瑶族而言就成为一种精神世界的超现实存在。祖灵回祖地的观念和仪式，也更具有回溯族群历史、延续族群意识的意义。祖灵回到祖地接受供奉，就能够保护家族平安、躲避灾难、战胜困难、带来福禄。因此，家先崇拜在某种意义上就是瑶族躲避灾难的行为在民族性上的深刻烙印。对祖先的崇拜既是瑶族对灾难的反馈，也是维系家族、族群的情感和文化的纽带。家族、族群对灾难的记忆也得以一代代不断延续。

瑶族婚礼有着豪华、漂亮、夸张的礼服。瑶族各支系的婚服虽然不尽相同，但都是以红色为主色调。婚礼时，男女皆要全身披红。特别是红头瑶的新娘不仅全身上下都是精工绣制的衣服，而且件件用品都是红色的。瑶族人认为，红色象征着吉祥如意，可以驱魔辟邪。瑶族青年男女还特别喜欢佩戴银饰。在瑶族人心中，银饰不仅是美的标志，起到点缀、装饰的作用，而且还隐喻了祈福辟邪等多种功能，如祛毒、防止瘟疫等，具有吉祥的寓意。

瑶族的聚集区主要集中在热带或亚热带气候区的大山深处，人烟稀少，森林密布，植被丛生。树木高大导致阳光很少能够穿透密林。层层的落叶覆盖地表，在夏季湿热高温潮湿气候的作用下，动植物尸体腐烂，不断发酵，释放出有毒气体。森林里的风速低，这些有害气体得不到及时扩散，久而久之聚集就成了瘴气。瘴气是一种有害气体，《水经注》曾记录“瘴气”是“气中有物，不见其形，其作有声，中木则折，中人则害，名曰‘鬼弹’”。瘴气按季节，依春夏秋冬可以分为青草瘴、黄梅瘴、新禾瘴和黄茅瘴；按症状则可以分为热瘴、冷瘴、哑瘴和幻瘴等；按照具体的成因还可以分为桂花瘴、菊花瘴、蚺蛇瘴、黄蜂瘴、蒙沙瘴、湿水瘴等。广西有“瘴乡”之称。森林里还有大量蚊虫滋生，这些带有各种病菌的蚊虫会通过叮咬传播瘟疫。许多能够传染疾病的小蚊虫在空中飘浮，它们体型小、数量多，远远看去很容易被人们误认为是黑色的有毒气体。在古代，人们无法通过专业的技术设备研究空气中的成分，就将“瘴气”实物化了，也就成为代代相传的“邪祟”。因此，瑶族着装配饰中的“驱邪”元素，实际上是人们对抗恶劣自然环境和未知疾病的反映。为了避免瘴气和瘟疫对身体造成危害，人们通过穿红戴银来驱魔辟邪、祈福平安。

包汝楫在《南中纪闻》中记载：“瑶人虽有男女居屋，然常移徙不常……善识草药，取以疗人疾，辄效。”周去非在其《岭外代答》中写道，瑶人“忽遇药箭，急以刀剜去其肉，乃不死”。瑶族人在长期的生产劳动实践中，积累了利用草药防病治病的丰富经验，形成了独具一格的瑶族医药治疗方法。瑶医药是人们长期与疾病作斗争的智慧结晶。瑶族民间医生多以盈亏平衡理论来指导临床实践。远古时期生产、生活水平极其低下，在人们的潜意识中，一切都是未知的，一切都是必然的，具有无形与无穷支配力量的大自然才是世界的主宰。因此，人们敬畏作为人与大自然沟通使者的巫神、巫祇。瑶族原始信仰的核心内容被烙上了古代巫法、巫术的浓重巫文化的印记。这在传统的瑶医药中表现得尤为明显。古代的瑶医是医巫不分家的，而且保持着村寨式、家传式的传承方式。在治疗方法上，瑶医药与巫术也有结合的地方，在瑶族药中至今还沿袭着对疑难杂症、久治不愈者采用“施法治病”“药法同治”的习惯。瑶族在历史上曾经饱经战乱、徭役、迫害等各种苦难。人们为了躲避战争和徭役而被迫向南迁徙。在长期迁徙的过程中，人们一方面承袭着本民族的原始巫文化信仰来凝聚族群，另一方面又认同、接纳道教的教义以求得精神的安慰与解脱。瑶医药就孕育于对巫文化和道教文化的双重信仰之中。由于巫文化与道教文化互相融合，瑶医药在长期实践中形成了“巫—道—医—药”合而为一的独特格局。

瑶族的居住区主要在岭南山区，山高林密，气候湿热。人们长期以山为家、狩猎采集，经常面对瘟瘴蛊毒、毒蛇猛兽，忍受风热湿痹。亚热带地区植被茂盛，动植物资源丰富。为了生存，人们靠山吃山，就地取材，利用丰富的动植物资源，发展出了独具民族特色和生存环境特点的瑶医药。瑶族医学在治疗癌症、红斑狼疮、妇科病、跌打骨折、风湿病及毒蛇咬伤等疾病上有显著的效果。除治疗疾病外，瑶族医学在预防医学方面也很有研究，很早就认识到某些传染性疾病可以通过预防减少传播。在《开建县志》中记载有瑶族“惧患痘，有出而染者，不得复入”，在《阮通志》中记载“有病殁，则并焚其尸徙居焉”等。这些都是瑶族预防传染性疾病的早期医学实践。除医学上的实践自成一派外，瑶医的医理也有一套独特的思想系统。瑶医医理认为，人体内脏之间、人体内脏与外界环境之间，维持着相对盈亏平衡的生理活动。外界或内部某些因素会打破这种平衡。当这种动态的平衡遭到破坏而人类又不能凭借自身免疫系统的调节得以恢复时，人体就会发生病变。而病因是多方面的，有气候异常、瘴气疫毒、蛊毒风痧、虫兽外伤、精神刺激、饮食、劳倦等。瑶医认为，世界上的万事万物皆能致病，有有形和无形之分。有形的如虫蝼禽兽、草木水火等，无形的如风气毒瘟、神鬼怪妖等。

巫文化和道教文化相融合使瑶医学在医药理论、疾病和药物命名、诊断方式及传承等方面大量地体现了自身的神秘性、独特性。而且在瑶族的日常生活中，各式各样的日用品也体现了瑶医药所蕴含的巫文化和道教文化。例如，瑶族民间纺织品辟疫香包，它采用芳香祛邪、芳香辟秽、芳香化湿、芳香防腐的草药，通过呼吸香气的方法帮助人体提升免疫力，是无数代瑶族先祖在战乱中，穿越各种瘟疫、瘴气、腐虫区域必佩戴在脖子上的香包。即使到了如今，遇到五毒月以及阴寒潮湿季节，瑶族也有戴香包辟疫的习惯。香袋中独特的中草药香料可以作用于鼻黏膜，从而调节神经系统，使人精神振奋。具有五百多年历史的瑶族人，饱受战争的打击而被迫颠沛流离、频繁迁徙，在长期同猛兽、自然灾害、疾病做斗争的过程中，逐渐形成了对抗灾难的一套医药理论体系。虽然从现代医学的角度来看，这其中有相当部分属于心理暗示、干预心理治疗的范畴，但从民族学、文化学、宗教学的角度看，瑶医药也有着一定的合理性。而且从应急管理的角度来看，瑶医药也是瑶族灾难文化的集中体现。

仫佬族的祖先在我国西南地区生存。在漫长的岁月中，灾难使部分仫佬族人离开家园，长途迁徙，流落各地。现在的仫佬族主要分布在贵州，散居云南、广西。历史上，仫佬族居住的地方发生过多次地震、旱灾、涝灾、蝗灾、瘟疫。据《罗城县志》和《罗城仫佬族自治县志》记载，在弘治年间由于气温异常，白天酷热，夜间极寒，天气异常导致瘟疫流行。万历年间连续两年发生大旱灾。雍正年间连续两年连降暴雨，县城一片汪洋，田地被淹，房屋倒塌，人员伤亡无数。道光年间罗城连续三年发生蝗灾，禾苗被蝗虫吃尽，引发了饥荒，人们无粮可食，饿殍遍野。光绪年间仫佬族居住的地方发生过两次地震。

原始社会生产力极为低下，仫佬族对自然界、社会、人类本身的许多现象迷惑不解，在自然灾害面前无能为力。因此，人们将造福免祸的希望寄托于神的意志，相信神既能保佑人类，也能降灾为害。人们对支配自己生存的自然力量自发地产生了崇拜，认为人不能违背自然背后的神的意志。这种自然崇拜逐渐演变成了原始崇拜信仰体系。仫佬族信仰多神，人们相信天上、地下、人间都有神仙，甚至在这三界之间还有飘忽不定的散仙。这些神仙都具有神力，可以给人类赐福或降灾。这种多神崇拜的思维一直扎根于仡佬民族的传统民间文化中，世代相传，影响着人们的日常生活。

祭三界是仫佬族的祭祀仪式，它源于神灵崇拜。三界公爷是神话传说中的医药神，也是仫佬族崇敬的民间神。[①] 在仫佬族民间传说中，三界公爷原为石匠之子。他的父亲被皇帝杀害后，他气愤不已，逃到山上，路上巧遇了一位神仙。三界公爷向神仙学习医术，成为一名名医。后来有皇族生病，皇帝便召三界公爷入宫医治。但三界公爷对父亲的惨死耿耿于怀，拒绝为皇室贵族治病。皇帝怒不可遏，命人将三界公爷用铜钟罩住火烧。但一天一夜之后，三界公爷安然无恙。皇帝无可奈何，放三界公爷回家继续为百姓治病。三界公爷为百姓治病有功，最终成为神仙。在每年的农历六月初二，仫佬族宰猪杀牛举办祭三界的仪式。祭三界的仪式一般是在村外的河边举办。河边设两神坛祭祀，一坛为三界坛，另一坛为雷王坛。请一个法师在坛前作法三四小时，以牛和猪作为主要祭品。牛要在三界坛前宰杀，猪要在雷王坛前宰杀，使这两个神坛享受血食。之后把牛、猪的头、脚、尾巴斩下，内脏部分煮熟用来祭祀。仫佬族认为人生病是因为人冲撞了鬼神，作为惩罚人的生魂就被禁锢在牢里。必须要打破牢狱释放出生魂，魂魄附回人体上，人才能病

① 丁静. 文化生态理念视角下仫佬族图腾文化传承与实践研究［J］. 文化创新比较研究，2022，6（14）：125-128.

好。法师作法的时候，用碗盛一个熟鸡蛋放在一个形似牢笼的坑边，把一只白鸭关在“牢”内。法师用法剑把鸡蛋破开，如果蛋黄破散开来，则表示病人生魂已经被从牢里放出来，然后杀白鸭给病人吃。祭毕“破牢”，即有打破牢狱之意。由此可见，祭三界是仫佬族人避灾文化的一种，反映了他们对不公平压迫的反抗以及辟邪消灾、远离疾病的美好愿望。

依饭节是仫佬族在丰收之后的祈神、祭祖活动。依饭节在仫佬族语中叫“做依饭”“还祖先愿”“喜乐愿”。[①] 仫佬族历经无数战乱和自然灾害，在明朝成化年间来到广西罗城定居，此后风调雨顺，生活安定。仫佬族认为，幸福的生活得益于上天的恩赐和祖先的保佑。因此，人们在丰收之后会举行庆祝丰收活动，感谢祖先和神灵。在古代，农业生产的主要工具是耕牛。仫佬族认为粮食丰收也离不开耕牛的功劳。人们在祭祀的时候，不仅祈求祖先神灵保佑子孙后代，还祈祝耕牛健康繁衍，由此形成了带有浓重喜庆色彩的依饭还愿活动。仫佬族认为，只有做了依饭，祖先神灵才会保佑族群的人口、土地、耕牛。如果不做依饭，祖先感受不到族人对他们的尊重和感激，可能会收回对族人的庇佑，甚至降下灾殃。代代相承的依饭还愿活动逐渐宗教化，成为仫佬族传统的民间信仰。传统的依饭还愿祭祀活动一直延续到今天，仍然是仫佬族民间主要的信仰活动。

依饭节一般三年举行一次，逢亥、卯、未年的立冬日或立冬日后一个未日开始，历时长短各地不一，有的一天一夜，有的长达五天五夜。[②] 仫佬族重视血缘关系，血缘相同的人聚居在一起为一个宗族。在

---

① 李燕宁. 仫佬族的宗教民俗［J］. 经济与社会发展，2003（12）：141-143.

② 张艳敏，谢唯唯. 仫佬族依饭节的道德教化思想与功能研究［J］. 民族教育研究，2019，30（4）：94-99.

仫佬族文化中，同一个宗族的分支被称为“冬”。每次举办依饭节，大多以“冬”为单位来轮流置办。依饭节是仫佬族最盛大的节日，他们一般都会准备很多物品食材，如鸡、鸭、鱼、猪、羊、米、酒等。由于依饭节带有祭祀祖先、向祖先还愿的性质，为了表达对祖先的尊重，全村上下都会进行彻底的大扫除，打扫干净村子和房屋迎接先祖，向先祖还愿。每家每户都要杀猪、杀鸡、宰鹅、包粽粑。丰收过后，人们高兴地聚集在一起把酒言欢、载歌载舞，举办富有民族特色的文艺活动，如舞狮子、耍龙灯、唱采调、跳傩愿戏、走坡等。依饭祭祀仪式分为启坛、请圣、唱神、招兵、点牲、劝圣、唱牛哥、送圣八个阶段。整个过程彰显了仫佬族人渴望通过祭祀仪式与祖先、神灵对话，表达对祖先、神灵的感恩，希望得到祖先、神灵的保佑庇护的愿望。仪式中依饭师公边唱边舞，锣鼓伴奏，歌舞自成一体。依饭师公所戴的“三十六神”面具、所演唱的唱词和表演的舞蹈等都充满浓郁而混沌的原始文化色彩，是仫佬族传统文化最具代表性的部分。同时，依饭信仰也融入了仫佬族对自然灾害和战乱的恐惧，对现在所拥有的平稳、安逸、美好生活的珍惜。还愿这种独特的祭祀形式，体现了仫佬族深厚而独特的文化认知及心怀感恩的灾难文化。

分布于广西的各民族都喜食酸食。广西是能够将酸味最大化地“附加”到各种食物上的地方。酸嘢是当地一种独特的酸味食物。酸嘢是当地的方言，指酸菜或酸的食物。酸嘢主要包括腌制后有酸味的水果、蔬菜、肉食等。广西的桂林、柳州等地区更是直接把酸嘢称之为酸。广西酸嘢的饮食文化也有一段传说。据说，秦始皇下令修建灵渠的时候，来自中原的厨子将泡菜工艺传到了广西，经过当地人根据本地食物和环境特点进行改良后，逐渐就变成了现在的酸嘢技术。

广西纬度低，气温相对较高，夏季闷热。高温天气会使人食欲不振、胃口不佳。而酸食恰好可以调节脾胃，调动人的胃口，助吸收，消油腻，增强食欲，具有饭前开胃、饭后解腻的功效。所以酸食特别适合在夏天高温天气时食用。而且炎热的天气容易使人上火，按照中医的说法，人体有很多经络，酸味正好入肝经，因而酸嘢可以降火。当地气温全年都偏高，湿热的环境加速了食物的腐败、变质、发酵。古代物资匮乏，百姓不舍得将发酸、变质的食物扔掉，长期存用后就逐渐适应了这种味道，并养成了食酸的文化。而且，当地山区的资源相对匮乏，为了增长食物保质期，方便携带，人们会使用腌渍的方法来保存食物，也使得他们习惯吃酸。

各民族的酸嘢文化还与广西的地形有关。广西地区是丘陵地形，部分地区为喀斯特地貌，山体岩石多为石灰岩。石灰岩的化学成分为碳酸钙。碳酸钙在水的溶蚀作用下会分离出钙离子。在广西的很多地方，经常烧热水的水壶内壁会有一圈白垢。这种水的硬度高，长期饮用这种“高钙水”会使人体内有过多的钙质沉淀，形成结石。智慧的劳动人民通过大量的生活实践，发现食酸能够减少体内的结石堆积，大大降低了得结石的概率。久而久之，广西各民族的人们也逐渐爱上了酸嘢，甚至无酸不欢。

桂林米粉是广西桂林的特色食品，以独特的风味享誉海内外。由于年代久远，关于桂林米粉的产生众说纷纭，真相如何已无法细考，但是最广为流传的两个传说都与秦始皇的征战有关。因而，桂林米粉也是战争灾难的产物。传说秦始皇统一全国后，为了进一步稳固政权，便派史禄带领民众开凿灵渠。灵渠修通了，秦始皇在丞相李斯的陪同下视察修建情况，顺便微服游览桂林山水。秦始皇有个嗜好，爱用鲤鱼须、鱼肚下酒。他们一行人来到漓江游览时，秦始皇看到漓江里的鲤鱼非常肥美，于是下令大肆捕捞，仅半月就有上万条鲤鱼丧命于秦始皇腹中。这个做法惹怒了当时的鲤鱼王，于是鲤鱼王决定掀翻秦始皇的游船，让其葬身鱼腹。但在河伯的劝说下，鲤鱼王放弃了这个想法。但他又心生一计，用大米磨浆制成了鱼须状的米粉和鱼肚状的切粉。这在视觉上确实跟真正的鱼须和鱼肚一样，瞒过了秦始皇。而且在味道和口感上，米粉和切粉更胜一筹。秦始皇吃后拍案叫绝，从此桂林米粉就问世了。

在另一个传说中，秦王嬴政统一中国后，派屠睢率五十万大军征战南越。由于南方多高山，道路不便，交通问题使得秦始皇在南征百越的战争中一度陷入被动的局面。公元前 221 年，秦始皇派史禄率民工开凿灵渠，沟通湘江、漓江，解决运输问题。灵渠解决了百越战争中最严重的运输问题，曾一度扭转了战争局面。不过当时还存在另一个很严重的问题，秦军多是西北将士，从小吃麦面长大。如今他们却远离故乡，吃不到合口的饭菜使得许多将士病倒。但是南方盛产水稻，不种植麦子。史禄把解决秦军饮食问题的任务交给了军中的伙夫们。其中有位伙夫根据西北饸面的制作原理，先把大米泡胀，磨成米浆，滤干水后，揉成粉团。然后把粉团蒸得半熟，再拿到臼里杵舂一阵，最后再用人力榨出粉条来，直接落到开水锅里煮熟。这就是最初的桂林米粉。此外，北方的秦军到南方也遭遇到水土不服的问题，秦军大夫就采用当地的各种中草药，然后煎成防疫药汤给将士服用。后来战事吃紧，为了节约时间，将士们通常是将米粉和药汤混在一起吃掉。时间一长，桂林米粉卤水的雏形就逐渐形成了。后来历代厨师经过改进、加工，就成为如今独具广西特色的桂林米粉了。

在广西各少数民族中，仫佬族的食酸技能名列前茅。吃酸是仫佬族古来已久的食俗，而且仫佬族吃酸还有一个古老的由来。仫佬族迁徙到广西境内后，由于不懂得如何在当地开垦土地种植粮食，所以他们主要靠采摘野生植物的根、茎、果、叶来充饥。广西气候尤其适宜植物的生长，在野外有许多的野果、野菜，但当时的条件无法很好地保存食物。食物成熟的季节又集中，采摘的食物吃不完就会腐烂。于是，仫佬族先民就把这些野果、野菜收集起来藏于山洞之中的避光阴凉之处。但这也只能延缓食物的腐败，而不能终止它们的腐败过程。时间一久，这些食物就开始慢慢发酵。当野外的食物逐渐变少，先民们不得不拿出这些储存的瓜果食用。久而久之就习惯了这种酸味。随着生产力的发展，现在仫佬族不再需要吃腐败变质的食物，但是这种食酸的口味却被保留下来并代代传承，成为仫佬族人面对高温季节粮食缺乏时的味觉记忆。

现在仫佬族腌制酸食的种类更加丰富，最常见的有酸木瓜、酸藠头、酸笋等。仫佬族腌酸的方法也与汉族不同，最常用的器具分为水坛和干坛两种。水坛腌制的多为时令果蔬，耗时更短。只须将腌料洗净、加盐搅拌投入坛中，两三天后就可以食用。但是它的一个缺点就是不能长时间储存。干坛腌制的工艺更为复杂，且耗时更长。瓜果蔬菜洗净后用食盐搓揉均匀，进行分类，再一层层放进酸坛里面。每一层腌菜都需要加适量的白糖和酒饼，最后把坛口密封严实，等待半个月之后方可取食。干腌的酸菜可以长时间保存，不会变质。当地人根据季节的变化用不同的方法来腌制不同的酸食。食物经腌制发酵后产生酸辣甜咸的味道与口感，好吃又不腻。这种口味也深深地镌刻进仫佬族的味觉基因里。仫佬人好吃酸，以至于在当地有“三天不吃酸，走路乱打窜”的俚语。

五色糯米饭也是广西少数民族包含防腐工艺的特色食品。五色糯米饭，又称青精饭或花米饭，是布依族、壮族、瑶族等少数民族的传统风味小吃。[①] 五色糯米饭是用红兰草、黄花、枫叶、紫番藤的根茎或花叶捣烂，取汁分别浸泡糯米然后蒸熟而成。因糯米饭一般呈黑、红、黄、

① 黄孟乔. 五色糯米饭［J］. 广西地方志，2005（6）：52-53.

白、紫五种色彩而得名。武鸣壮族在过清明节和农历三月三时，家家户户都蒸五色糯米饭来招待客人。清代《武缘县图经》载："三月三日，取枫叶泡汁染饭为黑色，即青精饭也。"明代《赤雅》载："瑶人社日，以南天竺染饭，竞相遗送，名曰'青饭精'。"杜甫的《赠李白》载："岂无青精饭，使我颜色好。"这里所说的"青饭精"就是五色糯米饭。五色糯米饭都是利用纯植物提取出的颜色进行染色，这样做出来的糯米饭色泽鲜艳且微甜，不同颜色的饭有不同的香味。米饭着色后不易馊，着色也起到了防腐、保鲜的作用。而且用天然植物染成的五色糯米饭还有一定的药用价值。红蓝草有生血作用，清代《俚山堂类辩》载"红花色赤多汁，生血行血之品"。"黄花饭"有清热凉血等作用，李时珍在《本草纲目》里说用枫叶煮成的青精饭，人食之能"坚筋骨、益肠胃、能行、补髓"。青精饭更被古人誉为"仙家服食"。

壮族人喜欢食用五色糯米饭，而且把它看作幸福吉祥的象征。壮族人爱枫叶，认为枫叶具有灵力，能驱邪避鬼，为家族带来平安和吉祥。人们从枫叶中提取出黑色颜料制作成"黑米饭"，每年"三月三"做五色饭的时候，都会在门口插上一枝精心挑选的枫叶。甚至制作五色饭剩下的颜料渣，人们也不会随意扔掉，而是倒在房屋外面的墙角下。人们认为这样做邪祟、鬼怪就无法入室作祟了。瑶族人民也有制作五色糯米饭的传统。在每年农历三四月，瑶族人民就会上山采摘青粳树制作乌米饭。据说吃了这种乌米饭，夏天不会生痧、疖子及其他肿毒。而到了每年农历四月初八的"乌饭节"，瑶族人民还用糯米做鸟、蛇、鼠等动物形状的乌米饭。他们认为吃掉了动物形状的鸟、蛇、鼠等动物，它们就再也不敢乱咬田里的稻谷，可以保佑全年丰收。食用鸟形的乌米饭还有准备春耕、迎接丰收的象征意义。

五色糯米饭寄托了人们对于鬼邪、瘟疫的畏惧。吃掉动物形状的糯米饭也是因为农作物时常遭受动物的侵害。面对高温气候，先民们想到利用植物染色的方式来保存食物。因此，五色糯米饭凝结着先民对于高温、瘟疫、生物灾害等灾难的应对知识，蕴含了积极乐观的生活态度和丰富的生活智慧，代表了人们对于丰收的期盼和对平安美好生活的向往。

# 第四章　草原与沙场交织下的抗争与英雄

## 第一节　概　说

战争灾难不仅改变了自然环境，也深刻影响着各地的人文特征。数百万年以来，人类在进化的同时历经了无数的磨难。“与天斗其乐无穷，与地斗其乐无穷，与人斗其乐无穷。”这句话表现的是一种积极向上的态度，也揭示了人类发展过程中的两大斗争对象——自然和人类自己。“天”和“地”代表的是自然的力量。人类发展史究其本源也是自然演进史的一部分。人类作为自然界的一员，与整个自然界共生并“斗争”。人类面对各种自然灾害的反应就是“斗争”的体现。人类与“天”“地”的斗争经历了茫然、惧怕、敬畏、反抗等一系列的心路历程。“与人斗”反映了人类社会的矛盾性。每个人都是社会中的个体，人类社会也不是日复一日、年复一年一成不变运转的机械。人类有主观能动性，有理性思维能力，而观念、立场、利益的冲突不仅在人类社会甚至动物界也随处可见。矛盾冲突的最剧烈和最严重的表现形式就是战争。与浩瀚的大自然相比，人类对自己更为熟悉。和战胜遥不可及的大自然相比，战胜人类对手更加现实。因此，战胜自己对人类的吸引力远比战胜大自然更加强烈。

“兵，民之残也，财用之蠹，小国之大灾也。”战争给人们带来新的精神，给文化增添新的血液。传承人类文化的各种载体，如文学、雕塑、画作等，将战争作为经久不衰的题材来使用。以打赢战争为目的的兵书大量传世，例如，我们耳熟能详的《六韬》《孙子兵法》等。这既是得胜者赢得战争的宣言，也是人类血液中蕴藏着对斗争崇拜和向往的体现。然而，战争是残酷的，也是灾难性的、毁灭性的。战争对于整个人类文明的发展进程具有十分重要的影响。纵有无数的文化作品讴歌英雄的高大、描绘战场的壮阔、感叹战略的奇妙，对于普通百姓而言，战争和洪水猛兽无异。作为吃人的机器，战争的灾难属性从未改变。

古今中外所有战争爆发的根源都是人与人之间的矛盾。矛盾升级就会引发战争。人与人之间的矛盾多是贪婪引起的。矛盾达到一定程度后就会引发战争。战争的表现形式是人与人之间的争夺、厮杀。由此可见，战争会带来一番血雨腥风，会给人们的生命财产带来巨大的伤害，会使人们失去性命、流离失所。战争会使有情有义的人变得麻木不仁，会中断文化传承。然而，战争也会促使新的文化出现。战争在文化传承中有时能起到过滤的作用，把不好的文化过滤掉。优秀的文化经过战争的淬炼之后得以发展，传承百世。在我国古代历史上，战争主要有两类：一是从事农耕的汉族与北方游牧民族之间的斗争，二是汉族内部的政治斗争。有时两者是相互交织的。千百年来，封建王朝在中华大地上频繁起落。在这片神奇而又悲壮的土地上，从古至今，英雄辈出。

本章主要记述了中国历史上将领、谋士、侠士三种类型的英雄。古代将领常常英勇地驰骋沙场，在战争中立下赫赫战功，以威武不屈的精神维护家国安定。除了将领，还需要睿智的谋士，他们有能力在战场上运用策略，准确判断敌我双方的兵力和战术，以确保胜利。侠士则更符合人们节义廉耻的道德诉求，通常不仅勇武坚毅，而且乐善好施。此外，我国还有草原英雄的传说。草原英雄通常是指源自中国蒙古族的英雄，他们以勇敢、坚强、忠诚而闻名。他们是蒙古族的标志，是蒙古族文化的象征。本章重点关注将领、谋士、侠士在灾难文化中起到的作用，分析英雄的风骨对灾难文化的影响。

## 第二节　古代将领和近现代英雄

在神奇悲壮的九州大地上，王朝兴衰，战事频仍，自古就英雄豪杰辈出。古今义士们以视死如归的气魄和撼动山河的壮举，在历史上留下了自己的侠义之名。他们唱出了一曲又一曲激烈、高亢的慷慨悲歌，凸显着灾难文化塑造下的人格共性和民族特性。这些英雄，既可能身经百战，也可能极富谋略，但最为人崇敬的是他们心怀家国的气节。

白起是战国时期秦国的名将。白起出生时，秦国国力已经十分强大了。但秦昭王十二年（前295），秦国布局了东进击败三晋以图谋天下的大战略。此时，平民出身的白起顺应了推行军功爵制的时势，在历史舞台上崭露头角。[①] 公元前293年到公元前260年间，白起率秦军在伊阙同韩国、魏国的联军展开战争，斩首韩魏联军二十四万人。紧接着，白起直攻魏军，一举夺取了魏国城池大小六十一座。随后攻打垣城、赵国、楚国、魏国、韩国。白起平生指挥大大小小的重要战役七十余次，没有败绩，为秦国实现了东进的大战略。由此可见，白起的作战指挥技术甚是高超。战胜、战败受很多因素影响，指挥者在其中发挥着很大的作用。对于敌我双方而言，士兵的能力只能尽可能地培养，但无法精确控制。

① 陈娇. 中国古代名将［M］. 北京：中国商业出版社，2015：116-119.

所以战略、战术在战争中就显得尤为重要。白起善于在分析敌我形势后采取正确的战略战术，对敌人发起毁灭性的进攻。例如，白起在伊阙之战中采用重点击破的战术，在鄢郢之战中采用掏心战术并辅以水攻，华阳之战中采用长途奔袭的战术，长平之战则采用佯败诱敌的战术。在作战中，他常以歼灭有生力量为主要目的进行战略布局。他善于利用地势，把握兵力的变化，作出精确的战前料算。这些都是白起生平无败仗的重要原因。

李靖是唐朝杰出的军事家，人称“大唐军神”，为唐王朝的建立与发展立下了赫赫战功。李靖作战经验丰富，编著了《六军镜》等多部兵书，今多已失传。作为开国第一名将，李靖助唐朝实现了从无到有的鼎盛，完成了北破胡虏、西定青海的拓疆目标，指挥了唐平萧铣之战、安抚岭南、唐灭辅公祏之战、泾阳之战、唐灭东突厥之战、唐击吐谷浑之战等诸多战役。与白起相似，李靖一生战无不胜、攻无不克，用兵出神入化。其中最为精彩的要数大败东突厥一战，以少敌多，威慑天下。李靖善于谋略，对兵法有自己的深远见解，智取多于强攻。对内治军上，李靖能做到赏罚分明，军法严正，而且不避亲疏，坚持建设军纪严明的军队。这样的军队得到了百姓的支持，有源源不断的战力供给。在战略战术的应用上，李靖奉行因势利导、循循善诱的准则，善于判断，利用天时、地利、人和的优劣势，把握每一处战场的致命点。

在我国近现代抵御外敌的战争年代，一幅幅惊心动魄的战争场面和一个个可歌可泣的爱国英雄历历在目。1941 年，日本侵略者在河北易县的狼牙山地区进行了一系列的“扫荡”，制造了无数悲剧。为了营救游击队和当地人民，八路军制订了“围魏救赵”的作战计划。为了让大部队安全转移，八路军五名战士向反方向撤退，将日军伪军引至悬崖边。当子弹打完时，他们将举起石头向日伪军扔去。日伪军发现他们没有子弹，冲到山顶，五名八路军战士宁死不投降。为了不让日军活捉俘虏，不让武器落入日伪军手中，他们砸碎了枪，从悬崖上跳下。最终，三名战士牺牲，两名战士吊在悬崖的树枝上，活了下来。1942 年 4 月，晋察冀军区建立了“三烈士塔”，后被日军炮火摧毁。新中国成立后，“三烈士塔”重建，更名为“狼牙山五勇士纪念塔”。上有题词：“视死如归本革命军人应有精神，宁死不屈乃燕赵英雄光荣传统。”

比如电影《地道战》所表现的智勇双全的高传宝、赤胆忠诚的老钟叔、汉奸汤司令、穷凶极恶的日本山田队长，都被演绎得淋漓尽致。《地道战》是根据冀中人民在抗日战争中的真实事迹拍摄的。[①] 电影中，冀中人民在面对侵略者残忍的“三光政策”时并没有选择逃避，更没有选择做汉奸、俘虏，而是把人民紧紧地团结起来，用自己的智慧和顽强的精神去和武装到牙齿的日本侵略者进行战斗。地道是冀中平原人民智慧的结晶，是取得抗日战争胜利最有力的见证。冀中人民凭借自己的智慧和辛勤劳动在冀中平原地下挖了四通八达的地下隧道。正是运用这些隧道，冀中平原上的游击队才能在敌众我寡、敌强我弱的情况下取得战争的胜利。地下隧道是冀中人民辛苦劳动的成果，凭借着必胜的信心、智慧，冀中人民在地下创造了宏伟的工程。在冀中人民坚贞不屈、英勇奋斗的不懈努力下，冀中人民赶走了日本侵略者，保住了冀中平原，为抗日战争的全面胜利做出了重大的贡献。影片中，地道是胜利的关键。然而，地道只是一个表象。真正创造奇迹的，是朴实的冀中人民。战争给人们带来的不仅仅是痛苦，也促使人们团结一致地捍卫家园。

---

① 江勇金. 回首红色影视［M］. 呼和浩特：远方出版社，2007：13-16.

## 第三节 谋 士

在战争中，谋士起着重要的作用。战争是一种政治和军事行为，谋士是战争中的重要组成部分。谋士的作用是为军队提供战略指导，制订有效的战略计划，帮助军队取得胜利。他们通过分析战场情况，根据敌军的动向，制订作战计划，提出有效战术，给军队带来战略上的优势。谋士还有助于军队更好地利用资源和环境因素。

孙子是春秋时期著名的军事家、政治家，被尊称为“兵家至圣”“百世兵家之师”“东方兵学的鼻祖”。[①] 著名著作《孙子兵法》在中国乃至世界都影响深远。孙子曾经用这十三篇兵法，带着吴国打败了楚国。该书因此流芳百世。《孙子兵法》曾作为美国西点军校和哈佛商学院高级管理人才培训的必读教材，很多历史名人都曾经表示受到了《孙子兵法》的影响。1991 年海湾战争期间，交战双方都曾研究过《孙子兵法》，并尝试借鉴其军事思想以指导实战。该书除了可用于战争中，在政治、经济领域也有一定的借鉴意义。齐文化贯穿《孙子兵法》，这与孙子的生平有关。据记载，孙子出生于齐国，受齐文化影响深远，且《孙子兵法》主要在齐国创作完成。齐文化具有尚武的特点，与鲁文化相互补充。鲁文化以孔子为代表，具有尚文的特点，把孔子时常强调的“仁”与“礼”放在首要位置。在《孙子兵法》中，齐文化表现为两方面：一方面，《孙子兵法》虽然也讲究“仁”“礼”，但不放在首要位置；另一方面，《孙子兵法》注重功利。《孙子兵法》中的“将者，智、信、仁、勇、严也”，

---

① 晁中辰. 历代谋士传 [M]. 济南：山东人民出版社，1997：61-79.

充分体现了这一思想。《孙子兵法》之所以具有这样深远的影响，得益于孙子对他所处的历史时期军事实践做出的科学总结。这些总结都是对实际战争灾难的概括。战争对于人们来说是最残酷的灾难，在该书中，孙子对战争做出了深刻且清晰的理性思考，告诫决策者对战争须持谨慎态度。这被后世总结为“非利不动，非危不战”的慎战思想。现在看来，书中的主体思想仍然适用。看似一本军事战略著作，但《孙子兵法》的影响绝不仅仅局限于军事方面。兵法的核心在于挑战规则，唯一的规则就是没有规则。兵法是谋略，谋略不是小花招，而是大战略、大智慧。在日常生活中处理事情、思考问题都可借鉴其中的思维方式。

孙膑是中国战国时期的军事家，是孙子的后代。[①] 孙膑帮助齐国两次击败庞涓，取得了桂陵之战和马陵之战的胜利，奠定了齐国的霸业。后来，田忌遭宰相邹忌陷害，被迫流亡楚国。孙膑辞官归隐，潜心军事理论研究，终于写出了流传千古的军事名著《孙膑兵法》。孙膑的军事思想都集中于《孙膑兵法》。与《孙子兵法》相似，《孙膑兵法》也主张要慎重地对待战争。孙子和孙膑全面地阐述了战争，虽然都在讲述如何取得胜利，但是其中贯穿了“慎战”的思想，并强调战争中的仁义之举。战争虽然能够保障一国稳定、富强，但战败会造成严重的后果。战争一旦发生，参战方都将付出惨重的代价。一味地好战，必然会自取灭亡。所以战争必须要顺应民心、军心，做到“得众、取众”。

元末明初，社会矛盾尖锐，农民起义此起彼伏，群雄割据。多年战乱，使得百姓流离失所，人们渴望社会稳定、安居乐业。元末明初，罗贯中的《三国演义》是我国第一部长篇章回体历史演义小说，描写了从东汉末年到西晋初年之间近一百年的历史风云。全书反映了三国时代的

---

① 晁中辰. 历代谋士传［M］. 济南：山东人民出版社，1997：123-139.

政治军事斗争和各类社会矛盾，概括了这一时代的历史巨变，塑造了一批叱咤风云的英雄人物。

《三国演义》作为我国四大名著之一，被后代人所敬仰，已经成为我们必读的文学经典。在这部著作中的每一位人物都有自己独特的形象。在三国争霸中，处于不同势力、不同地位的人物具有不同的特点，这就是战争对文化的影响。罗贯中从艺术的视角再现了战争所塑造的文化意蕴。在《三国演义》中，诸葛亮无论在智慧方面还是道德方面都是“主角”。[①] 他是中华民族智慧的象征，一出场的“隆中对”这一名段就体现了诸葛亮与众不同的学识。之后的火烧新野、借东风、智取三城、三气周瑜、汉中之战、七擒七纵、空城计，无一不体现诸葛亮的神机妙算。至于用八阵图阻止陆逊、死诸葛吓走活仲达、劝告邓艾的石刻等，更是神乎其神。在道德方面，《出师表》中“鞠躬尽瘁，死而后已”，是诸葛亮的写照。至于诸葛亮所犯的一些失误，经过书中描写，反更显出他的人格伟大。失街亭后要求自降三级，对军中事务管理过于细致，在军事上谨小慎微等，都是通过缺点来映衬他的优点。

由于《三国演义》拥刘反曹，曹操是以一个奸雄的形象出现的。最著名的就是那句“宁教我负天下人，休教天下人负我”，将奸雄的形象表现得淋漓尽致。刺董卓孟德献刀、杀恩人吕伯奢一家、挟天子以令诸侯都是他奸雄的表现。虽然曹操是反面形象，但《三国演义》依旧将曹操描写成了文武双全、极有才干的人。招募义兵起家，伐董卓、讨吕布、官渡败袁绍，都是他政治军事能力的体现。曹操非常重视人才，对一些曾经的敌人也能够重用。书中还特别描写了曹操对关羽爱慕有加，战华雄时赠酒，赏金封侯，甚至对关羽出走都采取了宽容的态度。书中也不

① 晁中辰. 历代谋士传［M］. 济南：山东人民出版社，1997：378-396.

乏描写他的奸诈的片段，使得曹操“奸雄”的形象跃然纸上。

祁山是魏蜀双方发生频繁冲突的战场之一，它所扼守的陇西古道，是蜀地通往关中和陇西地区的五条通道之一。诸葛亮与姜维北伐时屡次在该地受阻。祁山位于甘肃礼县东、西汉水北侧，绵延约二十五公里，被誉为“九州”之名阻，天下之奇峻，地扼蜀陇咽喉。因而祁山成了三国时魏蜀必争之地。在三国鼎立时期，诸葛亮五次北伐曹魏，后来被演绎为“六出祁山”的典故。根据史料记载，诸葛亮真正出兵祁山只有两次，分别发生于228年和231年。姜维统兵时期出兵祁山仅一次，即256年的段谷之役。“六出祁山”是诸葛亮北伐的代名词。

在三国时期，为了北定中原、兴复汉室，成就霸业，诸葛亮对曹魏用兵共七次。在227年，诸葛亮平定南中夷民叛乱之后，率领大军进驻汉中。在228年正月，诸葛亮设疑兵于斜谷，摆出由斜谷攻郿城的态势吸引魏军，而自己却率领大军攻祁山。由于出其不意，在进兵之初获得了显著效果。陇右的天水、南安、安定等郡相继叛魏降蜀，又收服了姜维，一时关中大震。① 但是在这种情形下，魏军通过坚守祁山和上邽，有力地阻碍了蜀汉在天水地区的扩张，牵制和分散了蜀军的兵力。同时，马谡违背诸葛亮的部署，为张郃击败，丢了街亭。街亭往东可进关中，往南可入四川，战略位置十分重要。由于街亭失守，魏军长驱直入，很快平定了南安、天水、安定三郡，从而令蜀军陷入进退维谷的境地。诸葛亮出其不意夺取关中的军事计划被打乱了，只能退回汉中，未能实现“平取陇右”的战略计划。轰轰烈烈的第一次北伐遂以失败告终。这是诸葛亮首次踏上陇原大地。

诸葛亮第二次北伐，因粮尽而返回。第三次北伐进攻的方向是甘肃

① 雍际春. 三国时期天水战略地位探微［J］. 固原师专学报，1999（5）：71-74.

南部，大获全胜。229年，诸葛亮复出祁山，进行了第四次北伐。然而，蜀军包围了祁山，魏军统帅司马懿迎击。司马懿知蜀军远来，军粮不多，凭险坚守，拒不出战。诸葛亮想用退兵的办法引诱敌人，但司马懿也很谨慎。此时刘禅听信诸葛亮早晚欲称帝的谣言，下旨令诸葛亮退兵。加上蜀军粮草将尽，诸葛亮只得班师，在归途中以伏兵击杀了魏国名将张郃。此次战役经历了四个月，是蜀汉和曹魏在祁山交锋时间最长的一次。

在诸葛亮的伐魏战略中，祁山地区最受关注，作战次数较多。诸葛亮之所以尤为关注祁山，是与这里的灾难所形成的文化环境相关的。在地理位置方面，祁山位于东西河谷盆地，扼住了蜀陇交通的咽喉要地。不仅具有攻守险阻的地形，而且农牧业发达。特别是丝绸之路开通后，这里更是关中通往西部地区的第一个咽喉要地。这里与六盘山地、陇中黄谷相连，东有陇山屏障，西有黄河天险。幅员辽阔的地理位置有利于蜀军回旋，复杂的地形也便于蜀军的进攻、防御。丰富的粮食和马草，使蜀国军队在附近很容易筹集物资，也减轻了沿崎岖遥远的蜀道运送粮食的困难。从经济的角度来看，这里山峦辽阔、植被葱郁，是一片天然的牧场。所以，祁山地区自古就被视为用马的宝地，更是借由丝绸之路开辟了发达的贸易和繁荣的市场。此外，祁山地区是许多民族的聚居地，便于军事联合。这些都是诸葛亮进攻魏国的有利条件，也是诸葛亮六出祁山的重要原因。

## 第四节　侠　士

除军事将领和谋士外，侠士也是中国古代“义士”的一种。“燕赵人杰，银鞍白马，秋日射雕平原。啸歌堪苦，弹剑意阑珊，休管世人睥睨，三吁叹，对雨潺潺。孤独酒，喜逢知己，谈笑死生间。出关！风烈烈，英雄叱咤，易水生寒。暮云冷关河，满座白衫。此去何时见也？扣舷笑，他日相欢！伤情处，君王游戏，壮士去无还。”① 这是后人咏叹荆轲的一曲古风。战国时期，荆轲受燕国太子丹之托，前往秦国刺杀秦王。荆轲明知凶多吉少，但为了大义凛然赴死。这种精神被后人称道。因而荆轲也成了中国古代“侠士”的代表人物。

刺客豫让的故事也是家喻户晓。春秋末期，晋国被智伯统治。以赵襄子为首，韩、赵、魏三国的贵族都不满智伯的傲慢。三家合谋杀了智伯，甚至把智伯的头盖骨取下来当酒壶。这种极端的做法引起了人们的反感。智伯当权时，有许多门客。智伯被处死后，门客四散。但是豫让没有离开，反而要替智伯报仇。豫让假装成作苦役的犯人，混进赵襄子家里，伺机刺杀赵襄子。赵襄子是个机警的人，他预感到危险，抓住了豫让。但赵襄子感念豫让的侠义，放走了豫让。豫让并没有改变自己的初衷。为了不被赵襄子认出来，豫让毁坏自己的面容，每日在街上乞讨，等待机会。在赵襄子打猎的途中，豫让再次行刺被抓。豫让毫不隐瞒自己的身份，并请求赵襄子杀了自己。在豫让死前，他祈求赵襄子同意自己在赵襄子脱下的衣服上刺几刀，以示为智伯报仇。

袍哥文化也是由战争灾难催生的。“岂曰无衣，与子同袍。”在久远的江湖，一群尚同袍之义的人，以平等合作的精神，互助联络，亲如兄弟，号称“袍哥”。② 金庸武侠小说中有这样一句话：“平生不识陈近南，就称英雄也枉然。”这是对郑成功的军师、天地会总舵主陈近南在江湖中地位的最佳说明。虽为小说中的人物，但考察袍哥的历史，依稀可见陈

① 沈学玕. 燕赵文化中慷慨悲歌之风格分析［J］. 南通航运职业技术学院学报，2005，4（2）：4-6.

② 王纯五. 袍哥探秘［M］. 成都：巴蜀书社，1993：22-43.

近南在江湖中的显赫地位。1644 年，吴三桂引清兵入关。郑成功据守台湾抗清复明，创立反清复明的秘密组织。郑成功派其部将陈近南回四川，在雅州开“精忠山”，拜把结盟，以反清复明为宗旨。袍哥组织创立后随即迅速发展，不久长江流域各码头就被袍哥所左右，城乡上下均有完整的袍哥组织。

按袍哥要求，初次参加者必须具备“身家清、己事明”两个条件，由拜兄保举、引进，接受栽培，确定排行，才可以称兄道弟，成为正式的袍哥。袍哥以“讲豪侠，重义气，解放推食，急人之急”相号召，以旧礼教的五伦（君臣、父子、兄弟、夫妇、朋友）、八德（孝、悌、忠、信、礼、义、廉、耻）为信条。联络的聚点，最初叫“山头”“香堂”，随着参加的会众日益增多，才由山头、香堂改为“码头”。码头要分为“仁、义、礼、智、信”（又称“威、德、福、智、宣”）五个堂口。五个堂口分别接收五类性质不同的人。“仁”字是旧社会有面子、有地位的人物，“义”字是有钱的绅士商家，“礼”字是小手工业劳动无产者。有几句概括特征的口头语：“仁字讲顶子，义字讲银子，礼字讲刀子。”其他地区也有类似的口头语：“仁字旗士庶绅商，义字旗贾卖客商，礼字旗耍枪。”至于智、信两堂的人，都是旧社会中最底层的体力劳动者。但是由于封建意识恶性膨胀，一部分人逐渐变质，结果形成了两种不同的袍哥，即所谓“清水”和“浑水”，亦即“白道”和“黑道”之别。在当时的重庆，茶馆就是袍哥组织的活动中心和联络站，经常由红旗大馆事坐堂负责。公口茶馆是袍哥的会所、公堂、办公室、交易厅、赌博场，远道而来的袍哥在这里拜码头。吃讲茶、断公道、惩处违犯香规的同门兄弟，都是在茶馆里进行。“一张桌子四个角，说得脱走得脱”，“黄糖饼子白糖糕，个人的码头个人包”。因着袍哥的盛行，过去的重庆茶馆林立，四川的茶文化也深受袍哥文化的影响。

以“反清复明”为己任的江湖豪杰早已淹没在历史的烟尘之中，今天我们也许还能在电视剧里看到重庆混江湖跑码头的袍哥形象。这一历经百年沧桑衍生的一种亦官亦民的袍哥文化，深刻影响着社会文化与生活。长期以来在袍哥文化的熏陶下，讲义气似乎成了中国人的传统美德之一，是人际交往的一个重要标准。对于讲义气的人，人们总是给予极高的礼遇和评价。中国人的义气是为了伸张正义，而不是野蛮和无法无天。

侠士通常会些拳脚功夫。北方有北少林，南方有南少林。福建莆田南少林寺与河南嵩山少林寺合称“南北少林”，是我国少林南拳的发源地。南少林寺是人们反抗战争灾难的产物。南少林寺原名林泉院，始建于557年。[①] 林泉院的武术起源于初唐。相传唐太宗李世民即位后，东南沿海强盗横行。唐太宗命令少林寺方丈惩治海盗。少林寺僧人来到福建，在当地广收弟子，当地人也非常尊敬少林僧人。于是朝廷就在福建修建了南少林。清代，在反清复明的斗争中，南少林寺与天地会有着密切的关系。南少林寺武僧具有强烈的忠义精神，受到人们的尊敬。“寺因武显，武以寺名”，南少林独创少林南拳，并在民间广泛传播。

南方拳术体系的形成也受到了北方武术的影响。自公元4世纪以来，中国发生了三次大规模的南北迁徙。第一次是在晋朝，当时一些北方人移居到福建，被称为“福老”。第二次是在唐末，河南固始人王潮、王审知兄弟率兵南下泉州、福州。第三次是在宋朝，当时有一百多万士兵和平民南迁。以上三次移民都是从河南开始的。这些北方移民被称为“客家人”。他们在南方定居的同时，也把更为成熟的北方武术带到了福建和广东。而这三次迁徙都是由于自然灾害和战争灾害所造成的。北方人到

---

① 程大力，郭裔，王小兵. 南少林、天地会与闽、粤、川武术渊源［J］. 中华武术（研究），2012（1）：18-34.

南方去讨生活，从而将北方武术带到南方，形成了南北拳术的融合。明代中期，戚继光的戚家军在浙闽粤三省抗倭时，也将北少林的拳法与南拳结合，增加了实战性。诞生于战争灾难的武拳如今也发挥着传统武术文化的正义精神。南少林以忠义的精神发扬了功夫拳，南少林的发展也使各种拳术得以立足。

在古代战争的催生下，中华大地出现了如此多的精兵强将。他们保家卫国，与灾难斗争，维护国家稳定与繁荣。将其折射到和平年代，这些精兵强将演化为“门神”。门神，即司门守卫之神，是农历新年贴于门上的一种图画。门神是深受人们欢迎的守护神。每年人们将门神张贴于门上，用以驱邪避鬼、卫家宅、保平安、助功利、降吉祥。现在常用的门神是秦叔宝、尉迟恭二人的形象。二人均为李世民成就帝业期间的将领。秦叔宝随李世民南征北战，是一个能在万马军中取敌将首级的勇将。秦叔宝投唐后，李世民授予他马军总管的职位。秦叔宝随李世民征讨宋金刚与尉迟恭，进逼洛阳攻打王世充，参与宣武门事变，诛杀李建成、李元吉。尉迟恭在被秦叔宝打败后也投唐效力。尉迟恭一生也是征战南北，屡立战功。尉迟恭在北邙山力救李世民，大败单雄信，在玄武门之变中诛杀李元吉，大破突厥。秦叔宝和尉迟恭深受李世民的青睐，帮助李世民成就帝业。据说，由于李世民杀伐过多，所以每晚备受噩梦折磨，常常夜晚不能安稳休息，总觉得门外有鬼神出没。他将此事告诉了众臣，秦叔宝便说：“臣戎马一生，杀敌如切瓜，收尸如聚蚁，何惧鬼魅？臣愿同敬德披坚执锐，把守宫门。”李世民顿觉欣慰，安排秦叔宝和尉迟恭两位大将在夜晚把守宫门。几日后，李世民再也不做噩梦了，睡眠安稳。但是两位大将甚是辛苦。如何才能不劳烦二位大将，但还能安稳入眠呢？李世民便吩咐画匠为两位大将作画，以画代人贴到门上，驱逐鬼神，邪祟自息。随着时代的发展，民间也开始沿用此法趋利辟邪。由此，两位大将便演化成了门神。门神的代表还有很多，但大多以将领为代表。因为将领本身具有避免灾难发生的职责。

## 第五节　草原英雄

茫茫草原上，牧民时常迁徙，风险较大。在游牧经济中，男女老少均可放牧。虽然依据性别有不同的分工，但是妇女在生产中扮演着重要的角色。所以在以游牧经济为主的草原上没有形成重男轻女的思想，反而把女性视为“创造之神”。人们把草原大地称为“大地母亲”（额土根额克），把保护自然的意识同尊重女性联系起来。草原民歌中歌唱并赞美女性的内容颇多，足可见女性的地位。[①] 内蒙古历史上涌现过许多巾帼不让须眉的女英雄、女政治家，她们在一定程度上影响了历史的发展，推动了草原多民族和谐共存的历史进程。草原英雄中有众多伟大的女性人物，包括成吉思汗的母亲诃额仑夫人、北元时期满都海夫人、阿勒坦汗的夫人三娘子等，她们都对蒙古的发展作出了卓越的贡献。满都鲁汗去世后，满都海夫人辅助危难中的幼帝稳定乱局，抵御强敌，率军队击败瓦剌，结束了长达百年的战乱，为达延汗大刀阔斧改良蒙古赢得了时间，为蒙古社会经济的快速发展铺平了道路。三娘子是漠南土默特部首领的妻子，她拥有草原女子的刚性，性格豪放，能歌善舞、能骑善射，有卓越的军事才能，深得阿勒坦汗的赏识。三娘子提出很多政治主张，促进了蒙汉交流互通，主持修筑了归化城，在人们心中地位极高。据《辽史》记载，“辽以鞍马为家，后妃往往长于射御，军旅田猎，未尝不从”。可

① 董世魁. 草原文化与生态文明［M］. 北京：中国环境出版集团，2020：36-74.

见草原上的贵族女性随行出猎是常事，更何况一般百姓家。满都海和三娘子在历史上占有独特的地位，体现了灾难环境下女性独特的魅力，彰显了草原女性英勇果敢、性情豪放、有胆有识的优秀品质等。

生活在广袤草原上的游牧民族面对着恶劣的环境和频繁的战争。英雄精神能够增强民族凝聚力以抗争恶劣的生存环境，是民族精神的核心和要义。在民族面临危机时，总会有骁勇果敢、强悍进取的英雄纵横沙场，抵挡外敌袭扰，保护家园，书写悲壮篇章。英雄就像草原上的雄鹰，是人们敬仰的领袖，在历史的长河中被人深情称赞。纵观反映草原风情的影视作品，相当一部分影片都是以塑造民族英雄为主线的。通过对英雄精神的赞扬，一方面能增强民族自豪感，以身为成吉思汗的子孙而骄傲，以身为草原后代而自豪；另一方面能不断增强民族凝聚力、向心力，使人们紧紧团结在一起。这些影视作品大多描述了在民族危难时刻，英勇而大义的草原民众为了民族利益坚决抵抗外敌袭扰、粉碎叛乱的英勇形象。从《塞上风云》《红色敖包》《悲情布鲁克》到《东归英雄传》《一代天骄成吉思汗》，这些影视剧中既有为民族利益而战的女主卓拉和男主车凌，也有英勇就义的英雄那森以及血气方刚、不畏生死的额日巴拉、巴根，更不用说名扬四海、骁勇善战的成吉思汗。这些影视作品通过对草原英雄的细致描写，呈现出人们在面临着民族危机时的大义和英雄气概。

电影《东归英雄传》中，阿拉坦桑是草原民族豪放大气、不屈不挠、崇尚自由的英雄形象的代表。他们在面临民族危机的时候，奋起反抗，英勇无畏。阿拉坦桑作为部落首领，武艺超凡，平时对部下慈爱有加，但执行军队纪律时铁面无情，用自己的一生守卫东归图。剧中阿布由于疏忽大意弄丢了东归图。为了找回它，阿布两次深入集镇，最终失去了生命。草原部落巾帼不让须眉，阿拉坦桑的女儿莎吉尔玛与桑戈尔私订终身，但当莎吉尔玛知道桑戈尔奸细的身份时，便拔刀相向，守卫了东归图，女性豪放的英雄气质表露无遗。这部作品没有将英雄演绎为最终的胜利者，脱下了“娱乐”的外衣，用生活原本的悲壮色彩映衬灾难文化。英雄主义或称英雄观，并非盲勇。一代天骄成吉思汗曾规谏劝诫道：“身勇则一时英雄，智勇则万世英雄。”“身勇”只是一时的英雄，“智勇”才是千秋万代的英雄。从这个角度来看，集“身勇”和“智勇”于一身的英雄才是一个真正的英雄。作为一位杰出的领导者，不仅需要“身勇”的亲信，还有众多智勇的外来之士。1215 年，蒙古大军俘获金国旧臣耶律楚材，成吉思汗重用耶律楚材。这就是草原带给人们海纳百川的胸怀吧。

草原上恶劣的地理环境、艰苦的生存条件、随时可能爆发的战争都造就了人们崇尚英雄的品质。浩瀚的草原给了人们广阔的胸襟，人们始终以乐观的状态从容面对种种不幸。英雄们和凶猛的野兽搏杀，同恶劣的自然环境斗争，和意料之外的困难挫折抗争，在厄运下泰然自若，在战争中抛头颅洒热血。唐代诗人卢纶的《塞下曲》中有“月黑雁飞高，单于夜遁逃。欲将轻骑逐，大雪满弓刀”的诗句，描述了肃杀冬季中的大雪之夜，大雁惊飞，单于借月色的掩护仓皇出逃，将军追敌之际发现冰刃之上落满了雪花。此情此景，一方面凸显了自然环境的恶劣，另一方面也凸显了战争的残酷与无奈。战争的结果胜败未定，但战争一定会造成流血牺牲和民不聊生。这就是战争的灾难属性。

# 第五章　敬畏与改造催生的人神共舞

## 第一节　概　说

人类对自然与神的认识，经历了神启、神助、神崇、神退四个阶段。神启阶段也可以称为“创世神话阶段”。这一阶段最有代表性的中国神话是女娲补天。这个神话源自中国古代的传说，被认为是中国最早的神话之一。在这个神话中，女娲用五色石补天，防止了灾难的发生。在故事中，苍天得以修补，洪水消退了，强壮凶猛的鸟兽死去，善良的百姓生存下来。实际上，人对于上古是不可能有记忆的，但是留下来的记忆又是怎么回事呢？也许是原始社会的人们太过辛苦，天天下雨，无处躲避。于是，痛苦的记忆也就多了些最终形成了以灾难为主的记忆特色。当面对灾难完全无能为力时，人们依靠神的启示来避祸就成了一个必然的选择。女娲是中国人的神，就像是中国人的母亲。就如同在西方，上帝来创造世界、创造人类、创造灾难并解决灾难。《圣经 · 旧约》里有很多关于灾难的记载。例如挪亚方舟的故事，上帝看到人间充满了败坏、强暴和邪恶的行为，就用洪水消灭人类。[①] 但上帝想让好人挪亚活下来，于是

① 王晓静. 中西神话灾难叙事比较研究［D］. 温州大学，2020：9-23.

就让挪亚建造一艘方舟以躲避洪水。洪水结束后，挪亚向上帝献祭，上帝享用后便不再让洪水毁灭世界。上帝给人以启示，在献祭后便不再降临灾难，是“神启”特征的体现。所以，人类最初的应急管理是依靠“神启”的。后来，“神”逐渐退出人类社会，人类社会进入到半人半神的时代。灾难文化也到了第二个阶段——神助阶段。

神助阶段是人神共存的时代。共工怒撞不周山的故事可以用来代表这样一个时代。[①] 水神共工是炎帝的后裔，也是中华民族的先祖之一。他和火神祝融有矛盾，又想独立于黄帝行事，于是引发了战争。共工不敌祝融，狼狈逃窜，一直逃到不周山。共工发现追兵已近，又羞愧又愤慨，一头向不周山的山腰撞去。不周山是支撑天地的柱子，一被共工撞倒，半边天空就坍塌下来。天上出现了巨大的大窟窿，天河倾泻，洪水泛滥。后来女娲炼五彩石补天，天地才重回正常。神助阶段的灾难事件有些是神为的，但是更多的是人为的。但是人为的灾难事件还是要借助神的力量，后面收拾残局也要借助神的力量。一直延续到《封神演义》里说到的商周交接的年代，传说中的灾难依然带有很浓重的人神共存的特征。希腊神话里也有很多类似的故事，比如阿喀琉斯之踵的故事。阿喀琉斯的母亲（海洋女神忒提斯）是不朽的神，她想把她的孩子变成不朽的神。[②] 忒提斯捏着阿喀琉斯的脚踝将他浸泡在冥河里，使得他全身都刀枪不入。但因为脚踝未被浸泡，所以脚踝便成了阿喀琉斯的唯一弱点。阿喀琉斯的身体大部分是神，一小部分是人。这种人神共生使得他的弱点也就变得极其致命。果不其然，在特洛伊战争中，阿喀琉斯被太阳神阿波罗用神箭射中脚踝而死。半人半神、人神共存的特点导致了这一阶段的灾难文化带有很深的神助意味。在灾难面前，人不是什么都不能做，

① 常亚宾. 中国上古神话的灾难叙事研究［D］. 广西师范大学，2021：8-18.
② 陆莲. 古希腊神话中的灾难研究［D］. 扬州大学，2022：64-76.

而是人的力量不足，需要借助于外力的帮助。

第三个阶段是神崇阶段。此时，神已经彻底退出了人类社会，人已经完全无法“借助”于神的力量。虽然仍有天灾人祸，人们对于世界的认识仍然不足。人们会反思自身的问题，皇帝要下“罪己诏”，百姓要斋戒沐浴。例如，明代天启年间北京的王恭厂火药库曾发生过一次大爆炸，皇帝甚至为此下了“罪己诏”。当时的人们认为，在大爆炸发生前的一年里出现了很多征兆。大爆炸的前一个月，鬼车鸟在京城的观象台昼夜哀号；大爆炸的前八天，天空先变白色，又变红变紫；大爆炸的前三天，北京的东北方向出现血红色的云彩；大爆炸的前一刻，火神庙里的火神乱动，吓得人们匆忙跪拜。1626 年 5 月 30 日上午 9 时许，北京城西南隅的王恭厂火药库突然一声巨响，顿时天昏地暗，火光四射。瞬间，石块、尸体、尘土像雨点般从天空坠落，数万间房屋倒塌，死伤两万多人。当时，明熹宗正在用早膳，虽然他幸免于难，但侍奉他用膳的太监全部遇难，不满周岁的皇太子朱慈炅也不幸夭折。此事件一出，朝野震惊，人心惶惶，大明朝上下一片恐慌。有些人认为这是由于奸臣贼子、阉党宦官横行霸道、倒行逆施、贪污受贿、腐败成风所招致的“天谴”，“苍天有眼惩治朱家王朝”。有些人认为这是由于“上天示儆（警告）天之子”，上书劝谏皇上“反躬修省”。灾后第三天，明熹宗颁发圣旨追究大臣的责任，下了一道“罪己诏”，并表示要亲自赴太庙祭拜。在神崇阶段，面对天灾人祸，人们依然搞不清楚原因，依然需要以神的名义扪心自问。这一阶段，神虽然还会被提及，但是只存在于人们的崇敬里。

神崇阶段结束后，一直到今天，神基本只作为一个精神象征而存在了。于是，人们认为“神退”了。可是灾难依然存在，现代技术的发展甚至导致灾难种类更加多样，后果更加严重。人们对于世界的认识也增加了很多，能够更好地抵御灾难。人们已经可以去干些“人定胜天”的事情，或者去干些“合于环境”、和谐共存的事情了。今天就是这样的时代，人们有了科学的力量，有了理性先进的手段，实现了从古代应急管理到现代应急管理的跨越。

本章主要讲述了在历史长河中，人们是如何在改造自然的过程中与环境“沟通”和“联系”的。先民们一边衷心敬畏着自然，一边积极改造着自然，通过神话、信仰、艺术诉说着人与自然的关系。人们用祭祀的方式，表达着对自然的尊重，以此来维持人类社会的平衡和秩序，保护自然生态环境。同时，人们也以此来求得自然的力量，从而改善生活。先民们改造自然的痕迹，也保留在了今天的民俗艺术中。先人们的浪漫主义情怀，饱含着对自然的敬仰和崇拜。

## 第二节　贺兰山缺

“怒发冲冠，凭栏处、潇潇雨歇。抬望眼、仰天长啸，壮怀激烈。三十功名尘与土，八千里路云和月。莫等闲、白了少年头，空悲切。靖康耻，犹未雪。臣子恨，何时灭！驾长车，踏破贺兰山缺。壮志饥餐胡虏肉，笑谈渴饮匈奴血。待从头、收拾旧山河，朝天阙。”岳飞的这首《满江红》，将“贺兰山”这个名字与众多悲凉的意境连在一起。“贺兰”一词是蒙古语“赫兰”的音译，意为“骏马”。“贺兰”部族起源于西晋时期，距今已有一千七百多年的历史了。在西晋时期，大漠往北贺兰部族的匈奴人在现今贺兰山一带驻牧、生活。在此之后，这个氏族部落的名字就成了这座山的山名。无论是其汉语的音译，还是蒙古语的意思，这个词语都极为贴切地描述了这里的地理特征。站在远处望去，贺兰山雄伟壮观、巍峨起伏，在艳阳的照耀下，贺兰山的山形的确像一匹矫健的骏马，在这塞上江南奋蹄疾奔。每年夏季，贺兰山沿途庄稼茂盛、鲜花盛开。在行人的欢声笑语中，对比岳飞的千古名句“踏破贺兰山缺”，让人不禁产生疑问，岳飞面对眼前这片生机盎然的美丽景色怎么会有那样悲壮的描述？与岳飞所处的战乱时期不同，在山河统一时，诸多文人墨客来到贺兰山，留下不少赞美自然风景的佳句。如明代诗人王逊这样描写贺兰山：“贺兰西望矗长空，天界华夷势更雄。岩际云开青益显，峰头寒重白难融。清光绚玉冲虚白，秀色拖岚映夕红。胜概朔方真第一，徘徊把酒兴无穷。”王逊的这首诗将贺兰山的山美、树美、水美刻画得淋漓尽致。

贺兰山最为突出的艺术形式是“山口”和“岩画”，二者同时构成了贺兰山特有的灾难文化。当地人称贺兰山的山口为“小口子”。[①] 贺兰山在远古时代地壳运动的巨变中，形成了如今这样千姿百态的山峰和沟口，例如大武口、韭菜沟、拜寺口等。古人道，“夫贺兰者，头头是道”。道就是路，也就是山口通道之义。史书对贺兰山有多少山口通道记载不一。在《嘉靖宁夏新志》中提到“豁径可驰入者五十余处”；《秦边纪》中记载道，“口巨者三十有七，小者复一十有奇”。而如今当地大大小小的山口将近百十余个。由于其特殊的地理原因，贺兰山历代被作为军事要地。在一些相关史籍和古代军事图上可以看到记载并标出的贺兰山山口。由于特殊的军事战略地位，不仅中原政权将贺兰山视为必争之地，北方游牧民族也将贺兰山作为南下的必经之路。纵观中国上下五千多年的历史，历朝历代都极其重视贺兰山这一区域的战略防备。唐朝为了管理贺兰山地区，专门在此设置了贺兰都督府。西夏时期，为了巩固政权，维持稳定，设立了贺兰山监军，负责统领贺兰山区域内的兵马。明朝为了抵御

① 薛正昌. 根脉与记忆：宁夏历史文化遗产［M］. 北京：中央编译出版社，2016：216-224.

西域匈奴部落的袭扰，更是耗费巨资在此区域内修筑长城，甚至有了“宁夏北贺兰山，乃朔方之保障，沙漠之咽喉”的说法。清朝时期在山口处设置烽火台，设重兵把守。经过历史风雨的冲刷，这些烽火台仍犹如一个个无言的战士，始终坚守在岗位上。

岩画，是一种在岩石上刻凿或者画在岩石上的图像。① 贺兰山的岩画最早是在1983年被发现的。贺兰山曾是猃狁、鬼方、匈奴、鲜卑、突厥、回鹘、吐蕃、党项等北方少数民族的聚集地。他们在此驻牧游猎、繁衍生息。贺兰山岩画是这些古代游牧民族在此留下的艺术图像。贺兰山岩画真实反映了社会生活，是一幅漫长的历史画卷。这些岩画真实地刻画了人类早期生活的场景，如狩猎、放牧、战争、舞蹈、劳动等。贺兰山岩画与匈奴文化有着不可分割的关系，如果将长城比喻成一条中原王朝的防御线，那么岩画在军事上就是一条北方游牧民族的进攻线。当时大量军士在此长期驻扎，军士们依照他们的生活理念，把他们所崇拜的文化、信仰，尤其是他们所经历的战争生活，用最原始的艺术手段保留在驻地的山崖岩石上。贺兰山的岩画是上古神话、原始巫术、宗教崇拜等文化艺术的体现，是贺兰山地区的文化积淀，也是贺兰山地区的文化象征。

山口和岩画是人们生活状况的真实写照。山口和岩画反映了贺兰山与战争灾难的特殊渊源。在中国诸多大山中，没有哪一座山与贺兰山一样，在漫漫历史长河中，几乎一直处于战争灾难的洗礼中。贺兰山不仅是北方游牧民族南下袭扰的重要战略保障基地，也是卫青、霍去病等军事将领北御胡虏的前线阵地。党项、蒙古、瓦剌、鞑靼以及中原铁骑的奋蹄而过，给贺兰山留下了一段段充满鲜血的悲歌。战争不仅赋予了贺

---

① 陈育宁. 古代北方草原通道上的贺兰山岩画及其与匈奴文化［J］. 宁夏社会科学，1992（4）：48-55.

兰山独特的文化艺术，也给贺兰山带来了无尽的灾难。贺兰山在饱受战火所带来的灾难洗礼之后，又要遭受游牧对环境的破坏。北方游牧民族在此生活，过度放牧导致当地草地植被的退化、土壤裸露、草原沙化，甚至引发沙尘暴。从地理角度来讲，贺兰山地处内陆地区，东南方向的湿润气候受到秦岭、六盘山的阻挡，西北直接遭受内蒙古高压以及西伯利亚冷空气的入侵，冬季干燥严寒，夏季干燥炎热。贺兰山的山口、岩画向世人展示了贺兰山独有的文化气息，自然灾害和战争灾难又使得贺兰山独有的文化与灾难相连。亘古长存的山口和岩画在贺兰山地区有着重要的历史意义与文化价值。

在贺兰山地区盛传着一种流行乐器，俗称“口弦”，又称“口口”“口琴”“口街子”等。“口弦”具有悠久的历史，是宁夏非物质文化遗产之一。口弦一方面反映了当地民间乐器的传播和发展，另一方面体现了当地本土文化与外来文化的艺术交流、碰撞、融合。“口弦”具有贺兰山地区民间艺术的特征和社会人文价值，是在自然条件与人文条件下形成的独特的艺术魅力。口弦的产生有着一段传说。相传很久之前，当地遭遇了大旱灾，动植物全部灭绝，人们生存也受到了极大的威胁。就在这个时候，有一个姑娘闯进深山去寻找山泉水。她在山里寻找了七天七夜，终于找到了一种名叫翠竹的植物。她在翠竹的竹丛下发现一眼甘泉，立即折了一杆竹子回村子里报信。待赶回村里的时候，这个姑娘已经渴得张不开口，便用竹片弹出一曲“口弦语”，引导乡亲们找到了水源。因此，贺兰山地区民间乐器的产生也与自然灾害联系起来。这也是当地独特的灾难文化的体现。

位于贺兰山下的西夏王陵，被称为“东方金字塔”，其规模堪比河南巩义的宋陵、北京的明十三陵。西夏王陵在中国古代丧葬文化上独具特色，既保留了党项族的民俗文化，又体现了唐宋文化。西夏王陵在 1972

年被发现。[①] 成吉思汗在率军攻打西夏时死在六盘山，蒙古大军为了复仇，横扫西夏，并对其进行肆意烧掠。西夏在亡国之后，绝大部分的文物和史料被毁，因此没有西夏的编纂专史，西夏王陵也因此被遗忘。西夏王陵反映出西夏王朝拥有严密完善的政治制度和法律体系，在中国文化历史上具有独特的意义。

西夏王陵是中国历史上规模最大、地面遗迹保存最完整的帝王陵园之一。西夏王陵由九座王陵构成，每座王陵都是独立完整的建筑群体。因其陵塔外观独特，西夏王陵被称作“东方金字塔”。尽管西夏王陵在一定程度上遭到了破坏，但是其整体结构保存完整，仍带有独特的西夏风格。陵园是由地面建筑和地下宫殿构成的。地面建筑由角楼、门阙、碑亭、外城、内城、殿堂、塔状陵台等组成，呈纵向矩形，按照中国传统的建筑风格，以南北中线为中轴线，左右呈对称之势排列。西夏王陵出土的文物体现出了文化的多样性，反映出西夏文化受到中原文化的巨大影响。

西夏是 11 世纪至 13 世纪以党项族为主建立的政权。在其将近二百年的历史中，最有名的皇帝就是开国皇帝李元昊。他采取了一系列的策略来提高民族的综合素质，并创造西夏本国的文字、礼仪、服饰。在 1041 年前后，西夏军多次打败宋军，宋仁宗不得不册封李元昊为夏国王，至此形成了宋、辽、夏三足鼎立的历史局面。在西夏鼎盛时期，其国域“东到黄河，西临玉门，南至萧关，北达大漠”，涉及宁夏、甘肃、内蒙古西部、陕西北部、青海东部等地区，在当时是名副其实的强国。但是，随着国家昌盛稳定，腐败问题也随之愈演愈重，再加上首领制度的致命弱点，1048 年前后，李元昊因强占王子嫔妃而被杀。随着李元昊的死去，

---

① 吴峰云，杨秀山. 西夏文明［M］. 银川：宁夏人民出版社，2016：3-24.

西夏开始走下坡路。后来，成吉思汗统一了蒙古草原，开始对外扩张，西夏便成了他的第一个目标。在二十二年间，蒙古铁蹄先后六次来到西夏，其中有四次是成吉思汗亲征。1227 年，成吉思汗带领蒙古大军进行了对西夏的最后一次攻战。在攻战的过程中，蒙古大军遭到了西夏军士的顽强抵抗，陷入苦战。据说成吉思汗在此次战役中身负箭伤而卧病在床。不久，一代天骄最终陨落。蒙古大军为了给成吉思汗报仇，集中蒙古的兵力攻下了西夏的都城兴庆府，并进行了屠城。其后，蒙古大军对贺兰山下的西夏王陵进行挖掘毁坏。蒙古大军的袭扰给西夏带来了一场史无前例的灾难，整个西夏民族几乎遭了灭顶之灾，大量的西夏建筑被战争所毁坏，大量珍贵的历史典籍被烧毁。刹那间，一座辉煌的西夏文明大厦倾倒了。由于西夏王朝存在期间基本上都是处在战火之中，一些能够保留下来的文字资料后来也被蒙古人所烧毁，在《二十四史》中唯独缺少西夏史。战争既促成了西夏的高速发展，也使辉煌一时的西夏荡然无存。

## 第三节　妈　祖

妈祖是中国神话传说体系中一位女性海神，生前乐善助民，死后被立祠供奉。由于水灾连年、海难不断，人们畏惧自然灾害而寻求妈祖的庇佑，妈祖文化不断发展。在现代社会，对妈祖的拜谒、祭奠、参观作为一种文化现象，仍承载着必要的社会功能。在封建时代，妈祖作为海神，能够给予海商、渔民等精神慰藉，维护社会稳定。在现代社会，社会各界广泛参与妈祖庆典，创造了无限的交流空间。妈祖文化调动了各类社会资源，繁荣了市场经济。自古在沿海地区分布的妈祖文化，促进了海峡两岸的交流，能够增强民族凝聚力。

正史中有关妈祖的记载自《宋史》起始，内容主要与敕封和治水有关。[①]《宋史》中称妈祖为“海神”“妇人之神”，所涉及事宜主要为祭祀。《元史》中妈祖涉及祭祀、漕运、治水等事宜。《明史》中妈祖的记载仍与祭祀、漕运、治水有关。《清史稿》中有关妈祖的记载涉及祭祀、漕运、治水、渔猎、赈灾等事项。“妈祖”一词在宋元明清别史、杂史中出现较多。现今公认的最早记录妈祖的文献为1145年廖鹏飞所撰写的《圣墩祖庙重建顺济庙记》。宋代杂史中，妈祖共受13次敕封，最早称“夫人”，后称“妃”，封号包括灵惠、昭应、崇福、善利、助顺、显卫、嘉应、英烈、协正、慈济、显济、善庆等。元代称妈祖为“天妃”，共5次敕封，封号包括护国、辅圣、庇民、广济、福惠、明著等。明代妈祖被称为“圣妃”“天妃”，共3次敕封，先称昭孝、纯正、孚济、感应圣妃，后称护国庇民、妙灵昭应、弘仁普济、安定慈惠天妃。清代共敕封妈祖15次，皆称“天后”，封号包括护国庇民、妙灵昭应、宏仁普济、福佑群生、诚感咸孚、显神赞顺、垂慈笃祜、安澜利运、泽覃海宇、恬波宣惠、导流衍庆、靖洋锡祉、恩周德溥、卫漕保泰、振武绥疆等。杂史、野史文献基本认为妈祖为闽地林氏巫女，赋神力，多助人，生前备受敬仰，死后立祠祭祀。野史除了颂扬妈祖的功绩外，还包含对风调雨顺、出海平安等农业、商业顺遂的祈愿。

妈祖文化的兴起体现了政府与民众的双向作用。[②] 民众出于感怀、感念，记录了妈祖的相关事迹，政府因山河管理、防赈水灾的需要对妈祖文化加以利用。因朝廷多次敕封，妈祖的威信在民众中不断上升，出现

---

① 高红. 妈祖文化与地理环境［J］. 人文地理，1997（3）：38-41.

② 牟笛. 海峡两岸妈祖发展态势比较及取向研究［J］. 应急管理学报，2019，3（3）：107-155.

了更多描绘妈祖生平事迹的文字资料和祭祀妈祖的节日庆典。对妈祖的推崇在政府与民众中不断循环，加之雨洪灾害、航海事故频发，妈祖的地位逐渐高于其他神明形象，成为力压群雄的海神。明清时期，在郑芝龙招募数万闽南灾民到台湾垦殖、郑成功收复台湾、乾嘉盛世经济发展等原因的作用下，闽南向台湾岛的移民潮爆发了。为了祈求在航海过程中平安、顺利，移民在船上供奉妈祖等海神。妈祖及其他海神信仰由此传入台湾。

民间信仰交流是当代大陆和台湾交流较早、范围较广的活动。1987年，妈祖升天一千周年纪念日，台中大甲满宫来人到循洲谒祖，迎请湄洲妈祖分身至台湾接受信众膜拜。1989 年，宜兰南方澳南天宫二百余人组成的进香团带着 5 尊从湄洲庙分灵去的妈祖像，到湄洲庙进香。自1994 年开始，福建省多地多次举办妈祖文化旅游节。1996 年，湄洲妈祖祖庙组团到台湾进行文化交流。2000 年后，台湾组团来湄洲进香谒祖的事例不断。此外，莆田、泉州等地的妈祖像多次被护送至台湾，在台湾多地举行了隆重的庆典。2010 年起，中国湄洲妈祖文化旅游节成为国家级节庆日。2007 年起，在莆田举行了多次湄洲妈祖海峡两岸论坛，来自海峡两岸及海外的大量文化机构和相关人士与会。

以妈祖为纽带的文化交流，增进了海峡两岸的民族感情，实现了多次破冰和直航。海峡两岸信众在进香谒祖的过程中旅游、参观，为当地带来了经济效益。妈祖文化交流也带动了资本流动，创造了市场和商机。新中国成立初期，大陆妈祖庙宇众多。随着宗教事务管理的正规化，大陆的妈祖祭祀场所数量骤减。最新数据显示，妈祖庙宇仅在大陆沿海地区零星分布，总数不足 30 处；而在台湾则有近千处之多。大陆合法的妈祖祭祀场所主要分布在沿海地区，以东南沿海为主。除江西外，妈祖祭祀场所均分布于大陆沿海省份的沿海城市。福建、浙江分布最为广泛，辽宁、广东、江西等地各有一处。台湾的妈祖祭祀场所分布广泛，遍布于台湾各地，沿海内陆均有涉及。大陆地区妈祖祭祀场所较多地分布于乡村，在台湾城市与乡村的分布均较为广泛。

近几年来，海峡两岸都在着力发展妈祖文化。大陆妈祖文化的发展集中于部分沿海省市。例如，在《莆田市“十三五”文化改革发展专项规划》中指出，要将莆田打造为全球妈祖文化的源流中心、朝拜中心、学术中心、活动中心、交流中心，拓展与台湾的妈祖宗亲文化、民俗文化、工艺美术文化、宗教文化交流，增强海峡两岸的情感融合和文化认同，维护和促进海峡两岸和平稳定发展。大陆与台湾的相关部门、企业、媒体相互合作，将海峡两岸的妈祖文化活动串联，以宫庙进香、谒祖、参观等形式促进旅游业发展。妈祖文化在促进海峡两岸交流发展方面具有重要意义。妈祖文化促进海峡两岸交流发展的优势体现在其具有中华文明的独特性。海峡两岸妈祖文化同根同源，且易于传播。然而，妈祖文化脱离时代文化，不易被年轻人所接受，市场经济转化程度不高是其突出劣势。作为带有封建迷信色彩的传统文化，妈祖易于被不法之徒利用。近几年来，海峡两岸旅游业繁荣兴盛，经贸联系紧密，并且分别着力发展妈祖文化，妈祖文化是促进海峡两岸交流发展的契机。但妈祖文化发展相关法律法规不健全，两岸交流仍有诸多限制，支撑资源匮乏，也为海峡两岸对妈祖文化的融合再造带来了挑战。

历史上，福建有许多文化现象，其中包括下南洋、妈祖文化、功夫拳等，这些文化现象的产生原因是多方面的，在所有的灾难种类中，台风和战争对附件的影响最大。福建地处北回归线附近，在季风环流与地形的促成下，以暖热湿润的亚热带海洋性季风气候为特征。福建光照充足，热量丰富，雨量充沛，是中国降雨量最为丰富的省份之一。气候区域差异较大、河流众多、水网密布，使得福建水文环境具有水量丰富、季节性敏感、水流湍急、独流入海等特点。因此，福建地区自然灾害易发且多发，并容易成为重灾区。福建省位于中国东南沿海区域，靠近西北太平洋的台风风源区。依据历年气象记录，在中国沿海省市中，台风灾害影响因子最高的两个省市分别为广州、福建。福建处于中国东南沿海外弧突出部位，不只登陆福建的台风会影响本省，其他登陆地点的台风也可能对其产生重大影响。历年来，影响到福建的台风登陆地点有福建、台湾、浙江、广东、海南、香港等地区。除台风以外，战争是其灾难文化形成的另一大因素。中国封建王朝的更迭无不伴随着暴力。无论是农民起义还是外族袭扰，各朝代末期的百姓总是生活在水深火热之中。历史环境的影响无处不在，人们为了生存，为了更好的生活，也为了改变下一代的命运做出了种种选择，由此也形成了诸如大规模移民至东南亚的“下南洋”、出海乞求妈祖庇佑的信仰等。这些是战争灾害与自然灾害共同造就的独有的文化现象。

## 第四节　萨　满

在中国古代，满族、蒙古族、维吾尔族、哈萨克族都曾信仰萨满，他们生活的方方面面都受到萨满教的影响。萨满教是一种原始性宗教，把自然力当作神力，以自然崇拜、灵魂信仰为核心。[①] 在生产力不够发达的情况下，由于对恶劣的自然环境无能为力，人们对自然万物格外敬畏，寄希望于缥缈的神灵。萨满教就是在这样的情况下产生的，是灾难文化的体现。在萨满教看来，人们的吉凶与天、地、日、月等自然物有关，

① 陈德新，张萍. 北方少数民族对萨满文化的认知［J］. 理论观察，2020（11）：117-119.

对萨满的信仰展示了先人丰富的想象力和对神秘大自然崇拜而敬畏的情感。人们以自然崇拜、图腾崇拜充实其精神世界，带有浓厚的原始色彩，与原始思维紧密相连。

内蒙古地区的地理环境及其生活方式就直接或间接地导致了萨满教的产生。在内蒙古地区，一小部分先民居住在山林地区，绝大部分先民生活于草原地带。脆弱的游牧经济和恶劣的生存环境增强了人们对自然神灵的敬畏之心，对动物、祖神、长生天、日、月等的崇拜直接影响着人们的生活。[①] 萨满教普遍认为火有火神、水有水神、山有山神。内蒙古地区先民的精神世界中充满了对长生天（又称腾格里、天神）的崇拜与敬畏。他们认为天神是最崇高的神灵，赐予人和万物生命。他们把日、月当成保护神进行多种多样的祭祀活动，相信闪电是长生天生气而发怒的征兆，雷是长生天对地面上不干净东西的袭击。[②] 生活于内蒙古地区的鄂伦春人为防止触怒雷神而不敢靠近雷击过的树木。火神萨吉阿代被认为是遵循长生天的意志来为人们驱寒取暖的。火神还被认为可以防止野兽侵袭，是家庭幸福美满的保护神。山神是居于山峰之巅的神灵女始祖。游牧经济自然离不开鲜美的牧草，也就离不开生活之源——水，所以对河流、湖泊崇拜也是萨满教的一大特征。萨满教众认为河流、湖泊都有神灵专门管理，神可为人们提供圣水来祛疾洗礼。

萨满教的祭祀充分体现了刚性之美。当进行祭祀的时候，萨满大师会戴上面具来进行跳神活动。萨满教认为，戴上面具可以避免被邪魔认出而遭到打击报复。而且，面具具有神力，有助于战胜妖魔鬼怪，保护家人、族人身体安康。萨满教的面具一般比较狰狞，整体服饰比较怪异，

① 宋和平. 萨满文化研究回顾［J］. 满学研究（东北大学），2021（1）：207-215.

② 石舒雅. 萨满文化中的心理原型［J］. 炎黄地理，2022（1）：84-87.

歌舞时叮咚作响，萨满教认为狰狞而威严的形象能驱邪除魔。[①] 萨满教歌舞的鼓点刚劲有力，能够给人以强烈的信心和勇气。从灾难的角度来看，这些刚劲的敲击声既是惊吓与围捕猎物的利器，又在一定程度上为生活增加了乐趣。

与萨满教相映成趣的是草原地区的音乐、舞蹈、绘画、雕塑等极富个性的艺术形式。草原民族能歌善舞，音乐和舞蹈是当地文化的一大亮点。蒙汉融合的过程也大大促进了绘画与雕塑技术的进步。草原艺术展现了一幅幅灾难文化下的民族风情卷，体现了一代代先人对生活的感悟和对生命的敬畏。草原上古老音乐的诞生与其萨满教密切相关。草原民歌是人声与大自然完美的结合，拥有着草原广袤浩瀚的意境，高亢而又抒情。草原民歌按演唱方式可划分为长调、短调等，内容主要集中于思乡、思亲、赞马、酒歌、战争等方面。例如《轮番酒之歌》《查干套海》《辽阔的草原》《小黄马》等，都是乐段体的长调民歌。草原民歌的伴奏乐器包括蒙古族四胡、马头琴、火不思、雅图嘎、胡日等，其中以马头琴这种乐器最为人们推崇。长调和马头琴是草原环境、生活方式和民族情怀熏陶下的产物，是草原独具特色的音乐。长调和马头琴作为特殊的有声符号，作为一种历史久远的艺术形式，承载着博大精深的文化。草原民族将其在生活中面临的苦难融入音乐中，用音乐来倾诉自己的内心情感。草原音乐也常出现在电影中，电影的意境同样能使人感受到深厚的草原氛围。在影视剧中，音乐借曲调、节奏等因素来塑造形象烘衬意境。电影《图雅的婚事》中使用了六次马头琴乐曲、四次蒙古长调，哀伤的长调和凄凉的马头琴声把主角在灾难环境下的凄苦形象展现到了大家的面前。电影《嘎达梅林》多处使用马头琴和长调等音乐，借助老人

---

① 陈娟. 萨满与傩：祭祀文化的比较研究［D］. 哈尔滨师范大学，2021：21-28.

苍凉的声音向人们展现出草原所凝聚的强悍民族力量。电影《季风中的马》描述乌日根离开草原的场景时，也以压抑的马头琴为背景音乐，展现其迫于无奈离开草原大地时的悲伤之情。

内蒙古当地的绘画也独具特色。蒙古族最早的绘画作品是岩画。受生活环境与生活方式的影响，当时岩画的主题以信仰和动物等为主，简洁而又古朴。早期的绘画作品保存相对较少，多与萨满教有关。进入16世纪之后，受社会大环境的影响，佛教成了主流宗教，绘画作品中佛教题材的作品偏多。从色彩的角度来说，草原民族偏爱白色（源于对乳汁的感恩）、蓝色（代表着天空）。佛教传入后，黄色作为佛教的代表色逐渐被人们敬重。而黑色则是象征死亡和灾难的不祥之色。雕塑在草原地区也有着悠久的历史。雕塑的起源和先民的宗教活动有紧密关系。萨满教徒们有“翁贡”（青铜和木刻的神偶），这些翁贡是萨满们的保护神，也是雕塑艺术的代表作。在佛教传入后，各种佛教造像广泛兴起，比如阿拉善广宗寺的摩崖石刻、呼和浩特市五塔寺的浮雕等。

## 第五节　傩

傩，与古“攆”字音同，意思为驱攆，是古代驱疫逐鬼的一种仪礼形式。驱疫逐鬼的方式有送、赶、攆、驱、捉五种，前二者较温和，后三者为强制。[①] 较早记载傩礼的史料《周礼·夏官·司马》中提到：“方相氏，掌蒙熊皮，黄金四目，玄衣朱裳，执戈扬盾，帅百隶而时傩。以索室驱疫。大丧，先柩。及墓，入圹，以戈击四隅，驱方良。”[②] 周代的

① 张朝霞. 论赣傩文化内涵的三个层面［J］. 九江学院学报，2007（5）：26-28.
② 史宝林. 傩的演变与功用［J］. 理论界，2011（12）：125-127.

“夏官”主兵，“司马”即治军的官职。这段史料说明早期的傩礼与军队有关。西汉时宫廷傩规模盛大，演变为方相氏率十二神兽舞的表演形式，并一直延续到隋唐。宋代宫廷傩开始向专业化与娱乐化方向发展，出现教坊伶人扮演诸神角色、皇城亲事官诸班直戴假面、披甲胄、执金枪龙旗的娱乐形式。明清时期的傩大多流落民间，甚至沦为乞讨的手段。但在明代的军队中，又重新兴起傩祭的浪潮。这就是明代集祭祀、演兵、娱乐等为一体的诸军傩。现存乐安流坑的傩舞就是明代诸军傩的演变。关于流坑傩舞的起源还有一个更有意思的说法，与流坑村一位宋代的祖先——董敦逸有关。

1100年，董敦逸奉命出使辽国，庆贺辽主生辰以求和议。[①] 董敦逸带着随从，一路风尘仆仆、昼夜兼程，途中遇到一位身着辽国装束的女子。女子向董敦逸详细告知了辽国的风土人情、礼仪习惯等情况。董敦逸到辽国后，遭到了辽主的百般刁难。董敦逸由于受到过女子指点，面对种种诘难，从容不迫、对答如流。辽主大为惊服，同意议和。十二年后，董敦逸完成使命返回中原的途中，到当年与女子相遇之处登门致谢，不料女子已经亡故。董敦逸感叹不已，于是请来工匠，依照他回忆的形象，用木头雕刻了女子的面相，又命随从戴上女子面相，跳当地盛行的面具舞（傩舞）。董敦逸回到京城后身陷党争，因极力检举蔡京、蔡卞一伙奸党的罪行反遭诬陷，不久被罢官回乡。回乡时，他让家仆肩挑两箱傩面具，前箱为“武傩”，后箱为“文傩”。进赣江乘船时忽遇风浪，一个颠簸将后箱“文傩”打入江中。这箱傩面具逆水而上，漂至江西南丰，南丰傩舞由此而生。董敦逸运到江西流坑的那箱是“武傩”，流坑也从此有了傩舞。

① 何根海. 中国傩的源生与流变考论［J］. 安徽史学，2015（6）：56-62.

傩戏表演在江西很常见。演出开始，首先出场的是和合二仙，从左右两个台口同时出来，手里各举着一张小红纸，上写着“××傩舞”和“钟馗扫台”四个字。[①] 第一个小节目是《钟馗扫台》。钟馗戴着黑脸面具，手持朝笏，在台的四周和中心用笏反复做画圈的动作，像在画符，之后坐在桌子上挥舞令旗，不许鬼怪骚扰舞台，保佑众人平安。“清洁”舞台之后，天官上场。天官戴着白色的面具，着红色官袍，手持笏，在一支优雅的伴奏音乐中一步一步地踱着官步，然后在台口分别出示“恭喜发财”和“天官赐福”的条幅。之后是由《书生赶考》《魁星点斗》《仙女送子》和《走报》四个小节目组成的书生的故事，描述的是一个普通的书生从“十年苦读无人问”到“一朝成名天下闻”，金榜题名后走马上任，上界的仙女又送来儿子的人生经历。第四个节目是《出六将》，黄灵官、马帅、乌元帅、哪吒三太子、元王、金刚六个上界的将军，分别拿着不同的武器，下凡除妖降魔。六将都戴着威武而狰狞的面具，身手矫健，动作开阖较大，像是武术表演。演出的高潮是在六将之后众神的出场，先是元始天尊、真武大帝，再是周公和桃花女，然后是代表长寿的土地公，以及魁星与财神。几乎所有被村人祭拜的神仙都出现在傩舞中。最后一个节目是《安装庙香》，一老一少两个小和尚扫尘、沐浴、祭拜众仙，老和尚古拙，小和尚稚趣，据广播里介绍这是傩舞中最具特色的表演。整台演出约一个小时，始终只有动作，虽配有丝弦竹管和锣鼓伴乐，却无唱词，也无道白。傩戏表演已经商业化，剥离了民俗和信仰的内核。演员在进行表演时没有宗教的戒律与规矩，一切以取悦观众为目的。但流坑村作为傩戏的“千古一村”，当地的傩戏更加古老和规矩。

流坑傩有两种形式。一是发生瘟疫时的“行靖”，二是每年正月初二

---

① 朱宝莉. 互动与重构：傩与乡村社会［D］. 湖北民族学院，2014：7-20.

到十五演出的傩戏。[1]“行靖”又被流坑村人称为“行净”，当村子发生瘟疫时，村民人人动手，清理巷里沟渠，打扫卫生。夜晚将临，各家各户插立点燃的松柴，整个村子的大街小巷被火光照耀得如同白昼。选择青壮年戴傩面装扮成将神，披铠甲执兵器，率领众人巡游大街小巷并入室驱瘟鬼。众人执竹片、拿响钗，敲锣打鼓，声音振聋发聩，直到把邪祟全部驱出村子，村民才安定下来。流坑傩“行靖”的过程与北宋宫廷大傩仪整体相似，但也有些许不同。北宋宫廷傩的角色更多，一般比行靖的多出判官、钟馗、小妹、土地、灶神等角色。北宋宫廷傩和行靖中的钟馗形象不同，北宋宫廷傩中钟馗的形象为“披蓝衣，双脚赤裸”，行靖过程中的钟馗形象则是持刀披甲，更像是一位将军。

流坑傩的第二种形式就是傩戏，举行的时间是每年的正月初二至正月十五。[2]年前的腊月二十四日傩戏表演者就开始操练、演习，为新年的演出做准备。从时间上来看，这与周代以来的岁末除夕之夜举行傩的宫廷傩是不一致的，却与宋代祭祀社神的“春社”（“新年社”）在举行时间上相吻合。从这个角度上说，流坑傩戏应属“春社”的社祭活动性质。“社”本是祭祀土地神的活动。流坑村沿袭了供奉土地老爷的习俗，傩戏中也有“社公”角色。“社公”白发红衣，手执拐杖，是福禄寿的象征，也是保护地方之神。流坑傩戏的面具按傩面角色所扮演的性质可大致分为四类：一是祖先崇拜类，有书生董永、七仙女、太子董仲舒（当地神化称呼）；二是英雄崇拜类，有关羽、张飞、赵云、刘备及被关羽斩杀的蔡阳等；三是擒魔能手类，有六将王灵官、杨戬、乌元帅、哪吒、元黄、金刚及钟馗等；四是道教、佛教诸神，有道教的天官、魁星、财神、真

① 郭妍君. 傩文化功能变迁研究［D］. 西南大学，2018：17-26.

② 毛礼镁. 江西傩及目连戏［M］. 北京：中国戏剧出版社，2004：131-148.

武、三官、周公、桃花女和合、土地、小鬼，佛教的大小和尚、唐僧、孙悟空、猪八戒、沙和尚等。

傩戏的目的是驱邪逐疫。江西的傩戏以舞蹈为主，且保留了古老傩舞的风貌。这是由于江西地处亚热带地区，天气较为湿热，疫病频发，先民们为了抵御疾病与祈求好年景，将傩舞视为与神灵沟通的手段。例如，江西石邮的南丰傩依旧沿袭着一整套“起傩”“演傩”“搜傩”“圆傩”的祭祀仪式，神秘、古朴、粗犷。[①]“搜傩”是整个跳傩活动的核心，由傩神角色“开山”“判官”“大鬼”手执神链，上各家各户“搜间”，驱逐房屋内的疫鬼或邪气。“开山”在房屋里的床下、桌子下等各阴暗处驱除不祥，门外三眼火炮不时炸响。每搜完一户一间，立即关上门窗，以免鬼魅再次入内。这种驱疫逐鬼的祭祀活动从正月十六夜一直延续到次日清晨，直到村子里所有的鬼魅被全部驱逐出村。江西万安的吉安傩中有“八宝”舞，其目的也是祛邪避灾。遂川吉安傩的“斗牛狮”舞有孙悟空降伏牛魔王的故事情节，到了高潮处，观众一齐向牛魔王身上泼水，以洗净它身上的血腥污垢，表达逐祟的意愿。“斗牛狮”舞颇有古周礼季冬傩“出土牛”的影子。上饶的婺源傩舞，由道士作为方相士率领众人撵鬼驱鬼。宜春万载的跳魈舞，目的在于驱除瘟疫。赣州的宁都傩舞，表演完《打安乐》等节目后，戴着钟馗面具的傩还要到各厅堂走一圈，有时还会去门前走一走，以示驱邪逐疫。这些演制均在一定程度上保存了汉以来驱疫逐邪的特征。

傩文化自北宋年间形成以来，已传承了上千年。其特有的傩文化对江西当地的民居建筑也产生了深远的影响。傩文化对建筑的影响主要体现在“冲”“镇”“避”“围”“祈”五种建造思维上。“冲”既有“驱

---

① 张静. 傩戏界说及其时空源流探析［J］. 晋城职业技术学院学报，2021，14（2）：91-93.

赶”的意思，又有“驱魔逐疫”之意，是最重要的建造思维。人们举行冲傩仪式时经常头戴傩面具，在仪式完毕后将面具悬挂在门头上，用以驱鬼辟邪。后来人们专门制作了比较轻薄的面具，悬挂于大门之上，也是取吉祥之意。“镇”既有镇压凶煞之意，又有攻击之意。常以各种石狮子镇压凶邪之物。当地的大宗祠有一对镇门石狮，分别矗立于正门前的东西两侧。两狮前肢蹬直，后肢曲坐，头仰右侧视，圆眼双睁，威武雄壮。传统建筑的屋脊上、斜撑、斗拱等处也有类似“驱魔逐疫”的建筑构件，例如流坑村传统建筑屋脊的中间或者两侧等处都有驱疫辟邪的“鸱吻”。“避”是避免煞气直冲的意思。当地传统建筑的入户门开在房屋正中线的两侧或前厅天井的两侧。这种方式可以避免凶煞进门，也可以避免大门直对厅堂，为房间创造了完整安静的空间，保持了房间的私密性。“围”主要源于远古时期先民的狩猎行为，当地传统建筑大量体现了这一点。最典型的就是“四水归堂”寓意的回字形天井及院落。在这种设计中，水能够从四面屋顶上源源不断地流到天井中，存储到院子里。“水”寓意“财”，这种设计代表着兴旺发达、财源广进。“祈”在傩文化中是祈求美好祝福的意思。在当地建筑中，集中体现“祈”思维的装饰构件是“影壁”。在一个大庭院中，正门正中心的方位设置一个高大的“影壁”，在“影壁”上还常常雕刻有花草鸟兽。

## 第六节 巫

早在商周的甲骨卜辞中就已经有关于“巫”字的记载了。在文字刚产生的时候，就已经存在巫文化现象了。许慎《说文解字·巫部》记载道：“巫，祝也。女能事无形，以舞降神者也。象人两褎舞形，与工同意。古者巫咸初作巫。”“巫”与“祝”的字义相同，巫、祝以舞蹈的形式来与神进行沟通、交流。他们是沟通人与神的中介，通过祈祷把人们的愿望传达给神灵，希望神灵赐福于人类。能够通神降神的人就叫“巫”，从事这种行业的人，女被称为“巫”，男被称为“觋”。巫师是唯一能够沟通人与神之间的使者，早期的巫师几乎是综合型人才。他们既是巫术的传播者，同时也是天文、历史、医学等知识传播者。宋兆麟《巫与巫术》中说：“巫师为了请神，必歌必舞，巫师是远古最杰出的歌手和舞师，古代有许多诗歌、舞蹈即来自巫教。为了巫术的目的和记录氏族部落的谱系、历史，巫师较早地发明了文字，总结和传播了历史知识，直到商周时期我国尚处于巫史不分的状态。巫师为了占卜，一开始就掌握了观察天象变化的天文学，巫教认为一切疾病都来自鬼神作祟，所以驱鬼服药是巫师必用的手段，这样便大量吸收和传播了医学知识。”①关于巫术的概念，迄今为止还未形成定论，学者们有不同的见解。英国人类学家泰勒在 1871 年出版的人类学经典著作《原始文化》中提出了“万物有灵论”，即原始先民根据人的生死、疾病和梦幻等现象推论出人有灵魂的观点，将其推广到世间万物，则万物都与人一样有灵性。“万物有灵”的观念与“灵魂崇拜”有着密切的联系。人们通过某种特定仪式与神进行沟通、交流，利用超自然力量来达到实用的效果。巫术与宗教虽有联系，但又相互区别。巫术为达到实用的效果，甚至可以威胁、辱骂神灵，宗教则始终表达对神灵的崇拜之情。

巫文化是先民在恶劣的自然环境中开创的改造自然的文化。它的起源与人类面对灾难时的求生欲和对自然的敬畏密切相关。《三峡巫文化初

① 宋兆麟. 巫与巫术［M］. 成都：四川人民出版社，1989：309-366.

探》一文中将巫文化分五大部分。① 第一部分为宗教，首先是流行于原始社会、奴隶社会的巫教、各种巫术以及祭祀、避邪、崇拜等。第二部分是风俗，包括巫风、巫俗、丧俗、禁忌等。第三部分为艺术，包括巫歌、巫舞、巫戏、巫画。第四部分为文学，包括巫书、巫诗、神话、传说。第五部分为综合，包括巫书、文字、巫医等。巫术已经被认为是最古老的一种文化现象，巫术思维影响着先民的生活。巫文化也是先民认识世界的产物。那时候生产力低下，人们无法透彻认识复杂多变的自然界，但又不得不探寻自然界的奥秘。于是人们只能从自身出发，比照自身的特征对自然现象进行判断。他们认为世界万物都像人一样有各自的灵魂，从而形成了“万物有灵”的信仰。《苗族古歌》中就有关于“万物有灵”的记载：“……岩洞实在太冷呵，冷得没法说了呀，金银怎么冒出来！银子出自哪里来，金子出自哪里来？银子出自岩层来，金子出自岩层来。银子是从岩层来，金子是从岩层来。岩角底下八层刺，岩头顶上八道坎，千百道关在阻拦，银子怎么会得出来，金子怎么会得出来？哪一个人热心肠，叫喊大家聚拢来，九个人抬九挑炭，烧化银家大岩门，烧化金家大岩门？……大块银子才出来，大块金子才出来？修狃有副好心肠，匆匆跑来自东方，它的喙子七拃长，啄着岩石嗒嗒响，岩石碎落纷纷扬，银子还是出不来，金子还是出不来，银子哭呀哭得惨，金子哭呀哭得惨，哭着不知去哪好！银子飞到天上去，金子飞到天上去，银住雷公大王家，金住雷公大王家，住在雷公家仓里，雷公把门来关紧。”②

这首古歌描述了苗族先民寻找金银来“撑天柱”和“打造日月”的

① 管维良，林艳. 三峡巫文化初探［J］. 三峡大学学报（人文社会科学版），2005（1）：30-37.

② 潘定智，张寒梅，杨培德. 苗族古歌［M］. 贵阳：贵州民族出版社，1997：41-55.

故事。他们历经磨难，在充满荆棘的道路上依旧坚守信念，相信一定能够找到金银来完成“撑天柱”和“打造日月”的使命。在这首古歌中，金、银、蜜蜂、蜘蛛、山雀、龙、螃蟹、水獭、马蜂、老鹰等都被赋予了人类的思想和感情，充满了灵性。苗族先民从“万物有灵”的观念出发，把自然现象和世间万物都人格化了。在生产力落后、自然条件恶劣的时期，人们面对复杂多变的自然界，心情诚惶诚恐。于是，先民对事物和现象之间的“神秘力量”产生了兴趣。也正是先民对这些“神秘力量”的关注，使得各个国家、各个民族都会产生巫术。先民的思维模式不同，对待事物和现象的反应也不尽相同。这就使得各个国家、各个民族的巫文化呈现出不同的特色。

苗族在逐鹿中原败北后，被迫进行历史性大迁移，从中原地区退居到五溪地区，随后又向四川、贵州、云南等较为偏远的地区继续迁徙。当时这些地方的生产力水平低下，文化发展非常落后。正是由于迁徙，苗族失去了滋生“史官文化”的土壤，从而较好地保留了殷商时代的巫文化。除此之外，苗族在迁徙的过程中、面临残酷的环境，也经历了各种各样的灾难，苗族先民始终没有足够的力量来应对复杂多变的环境，生活也无法得到保障。于是他们只能求助于那股神秘的力量——巫术。巫术作为一种原始文化，其产生与经济基础有着密不可分的关系，因而要探讨苗族巫文化，首先应该从苗族的经济形态着手。苗族是中国古代最早种植水稻的民族之一。这种农业经济形态决定了人们必须依靠土地，因为水稻种植必须依靠土地。① 人们对土地过分依赖，自然产生了对土地的依恋之情。古代农业经济是自给自足的封闭系统。在这种经济模式下，人们无须与外界进行太多的交流就能满足日常的生活需要。往往一片土

① 刘援朝. 苗巫与苗族传统社会［J］. 贵州民族研究，1995（3）：58-61.

地、一条河流、几户人家便可完成农业生产的任务。长此以往，人们便将自己限制于狭小的范围之内，最易形成与世隔绝的生存状况。生活于这种封闭系统中的人们只要遵循前人的经验教训，在不违背客观规律的情况下，如果风调雨顺，便可获得丰富的成果。于是前人的经验教训，就顺理成章地成为后人行动的准绳和判断是非的基本标准。前人信仰巫术的风俗习惯，自然也被后人承袭。苗族先民逐鹿中原败北，带领苗民一直南迁，穷山恶水之地成了他们的安身之所。在漫长的历史岁月中，他们不断地遭到自然和其他族群的挑战，经历了诸多艰险。恶劣的自然环境和社会现状决定了苗族社会以宗族制度为基础，应付各种变化，求得生存。加之个体的力量很有限，唯有集体团结方能凝聚巨大的力量。这种庞大的宗族制度要靠什么来维系呢？面对复杂多变的环境，巫术活动成了维系宗族制度的纽带。苗族人通过各种各样的巫术仪式、祭祀活动，对本民族辉煌的历史进行歌颂和回忆，从而增强了民族凝聚力。

# 第六章　防灾减灾的科学与技术

## 第一节　概　说

一个群体或组织在规划和实施防灾减灾策略时，灾难文化是一个重要却又经常被忽略的要素。这不是灾难文化的存在不被知晓，更不是因为灾难文化对人类社会没有作用。价值观、习惯、风俗、态度等文化范畴要素的培养对于防灾减灾成效显著。灾难文化被人们忽略的原因在于没有基于灾难文化的应急方案。事实上，不能有效地处理文化方面的问题，会加剧群体在面对灾难时的脆弱性，导致制定的防灾减灾策略可靠性不足。

正如人们选择的风险路径来自风险规避意图本身，意识形态的形成也源自传统文化的磨砺。灾难的磨砺可以为人们创造一种相对稳定的心态，并在防灾减灾中起到重要作用。就像尼采（Friedrich Wilhelm Nietzsche）在《善恶的彼岸》中所说："凡不能毁灭我的，必使我强大。"然而，对于现代社会而言，仅依靠文化已经对防灾减灾于事无补。由灾难所造就的文化必须得到更加妥善的利用，让灾难文化的优秀基因融入现代应急管理体系中，实现更高维度的"扬弃"。国外曾有一个反例，印度尼西亚的默拉皮火山是世界上最活跃的火山之一，尽管时刻存在着火山爆发的风险，但在半山腰上依然存在人类的村落。由于信仰原因，当地大多数土著族群都认为火山爆发所造成的损失能够被某种神圣力量所抑制。因此，2006年默拉皮火山爆发前，山腰上的一些族群拒绝撤离，最终造成了巨大损失。

文化是从一代人传承到另一代人的智慧。灾难文化也可以作为一种“智慧”应用于防灾减灾过程中。不止人类，其他动物在灾难到来前也有着不寻常的举动。反常的动物大迁徙往往是某些自然灾害到来的前兆，这是各个物种一代代“智慧传承”的结果。此外，物质文化与防灾减灾也有着重要的联系。在可预期的灾难风险出现时，有的人不想离开他们的家园，表明他们对他们所拥有的物质财富有着强烈的依恋。有效的防灾措施必然要考虑物质文化与应急策略的融合，在灾后恢复重建阶段亦是如此。在21世纪之前，黄河泛滥一直困扰着黄河中下游两岸的居民。由于特殊的水文特征，黄河泛滥不仅影响范围广泛而且破坏力大。为了缓解黄河泛滥带来的不利影响，黄河沿岸地区每隔几公里就建造了一个堤坝作为缓冲区，并限制人们在这一范围内活动。尽管缓冲区的建设增强了这一地区抵御洪水的防灾能力，但也严重影响了当地的居民生活和经济发展。因此，近年来，当地虽然继续保留缓冲区，但同时制定了适当的社会经济发展政策。这种改变既考虑生存模式，也考虑安全态势。同时，人们将缓冲区内新发展起来的村庄安置在历史水位线以上的高地上，从而尽量避免黄河泛滥对人们生活的影响。与黄河情况类似的还有东南沿海地区的一些岛屿。早些年，面对周期性的台风，人们唯一能做的就是向内陆迁徙。但对于渔民们而言，海洋是他们生活的一部分，渔业也会因搬迁受到严重的影响。因此，后来的政策多围绕台风的监控预警而展开。

上述案例将文化因素与防灾减灾联系起来，体现了文化是如何影响防灾减灾活动的。显然，文化已经成为人们在风险社会中生存的一个重要保障因素。然而，在某些情况下，文化也会阻碍防灾减灾活动。因此，文化有可能增强或降低某一地区应对灾难的能力。缺乏对受灾地区文化方面的考虑会阻碍防灾减灾的效果，加剧受灾地区的脆弱性。如何平衡灾难文化和防灾减灾之间的关系，是现代应急管理需要着重考虑的问题。

在制定应急管理策略时，需要考虑当地独特的文化属性，有效整合灾难文化和防灾减灾的发展路径，提高地区抵御灾难的能力。灾难文化特性可以作为一个地区防灾减灾工作的切入点。若是想让灾难文化在应急管理中真正发挥作用，必须将防灾减灾意识根植在人们的潜意识中，而不是依靠单向的强制命令。基于具体区域的文化特征设置应急策略就是一种更好地将灾难文化纳入防灾减灾活动的有效路径。这种方式既发挥了地区的资源禀赋，又将地区的灾难文化特质从通俗层面转移到系统治理层面。以当地文化为基础而设置的防灾减灾活动也会为该地区提供自主制定防灾减灾战略的机会，从而提高当地居民参与灾难管理活动的责任心和归属感。基于地区灾难文化的防灾减灾活动可以作为一种机制，为应急管理策略提供蕴含了文化特色的风险认知和防灾理念。

文化对个人和社会都很重要。作为个人，人们依赖文化，因为文化为人们的生存提供了有效信息。社会的更迭也取决于文化。没有保护社会权利的制度、规则和法律，社会本身也就不会存在。对一个地区而言，文化也是一种可识别的特质。基于知识、规范、价值观等文化成分的代际转变，社会特质被保存和传承，逐渐形成了地区认同。例如，受战乱影响，元末明初的中原地区生灵涂炭、人丁凋敝，朝廷因此发起了移民运动。百年后，虽然人们仍能通过族谱知道自家的祖籍，但是人们早已没有了半点乡音。由于文化与群体之间的密切联系，文化与地区的生存模式密切相关，灾难文化更是如此。这是由于一个地区的灾难文化除了来自灾难本身，其形成也受到当地社会资源的影响。传统知识会经历世代转移，为生存提供指导。当文化因素与生存模式相一致时，地区可以更好地应对经济、社会和环境的挑战。

在灾难频发的年代，人们被迫朝着以前未曾探索过的方向寻求有效应对灾难的措施。应对灾难的历史为人们提供了各种各样的经验，这些经验集中体现在灾难文化领域。不同地区的灾难文化通常是不同认知路径、不同应对措施的组合。人们可以利用这些经验实现社会与自然的融合。在21世纪之前，“应急管理”更多的是指医院急诊科的管理方法。随着灾难频发、防灾减灾形势日益严峻，人们越来越重视区域应急管理能力建设。如今，世界各国的应急管理体系已经日臻完善，但还有很多未能解决的问题需要从更宽、更广的领域寻求支持。从灾难文化中寻找灵感也是这一趋势的延伸。灾难文化在灾难应对策略方面具有补充作用。人们能够从灾难文化中找到预防、避免和减少危害的方式。

灾难文化能够在一个区域应急管理体系构建的过程中发挥重要作用，是区域应急管理凝聚力的重要来源。我国现代应急管理发展历程较短，但是和世界其他文明古国一样，华夏民族拥有悠久的灾难抗争史和深厚的灾难文化。在数千年的社会发展过程中，各种各样的文化现象被灾难固化为深刻的信念和习惯。进入现代社会以来，人们把更多的精力放到了经济发展、城市扩张、基础设施建设上。随着文化在社会发展中的辐射力、影响力、作用力越来越大，对应急管理而言，灾难文化建设是一项紧迫而艰巨的任务。每一个地区的灾难文化都有其特色，要想真正发挥灾难文化的应急管理价值，必须走因地制宜的发展道路，培养与区域灾难文化相适应的区域应急管理文化。

## 第二节　水利工程

中国是农业大国，人们自古畏惧水旱灾害。古代保留至今最多的应急工程就是水利工程。中国古代尤为重视农业生产。旱涝灾害对于农业生产有着重要影响。先民们用开垦河道、修建水库、挖掘水井等方式来减缓旱涝灾害的影响，保护农业生产，维持生计。不仅是中国，世界各地也都有关于鸿蒙时代大洪水的传说。古埃及的《埃及法老书》中描述了一场持续七天的大洪水。洪水淹没了埃及大部分地区，甚至淹没法老的宫殿。大洪水的传说也出现在《圣经》中。上帝为惩罚人类罪恶而在世间降下了大洪水，淹没整个地面，只有一艘方舟得以幸存。在中国，也有关于大禹治水的记载。

关于我国远古时期自然灾害的知识，一般来源于传说故事。例如每年正月初三的“开耕日”，人们要举行开耕仪式。农民们会背着农具，带上香纸，到自己耕作的田野间磕头烧纸，口中还念着祈祷天神保佑五谷丰登的吉言吉句，接着到田间动土，意味着春耕的开始。再如“社日”，其中的“社”指的是土地之神，也就是的“土地爷”。[①] 古代以农立国，人们生存的资源皆来源于土地。因此先民们推崇祭拜土地神，在祭拜时举行相应的祭社活动。春季和秋季分别有一个社日，体现的是春祈秋报的理念。春社是在农历的二月初二举行祭祀活动，来祈求土地神的保佑，五谷丰登、庄稼丰收；秋社的时间是农历的八月初二，主要是在秋收后对土地神的保佑表达谢意。有的地方在农历二月初二要设坛宰猪祭祀土

① 卢勇，洪成. 中国古代治水中的传统哲学理念及其应用［J］. 西北农林科技大学学报（社会科学版），2014，14（1）：132-137.

地神，祈求神灵保佑丰收。在插秧之后，人们还有“起禾福”的仪式。各家各户凑钱米，请道公设神坛击蜂鼓，边唱边跳祈祷神灵保佑庄稼丰收，以黄白小纸插遍田间地垄。每年农历四月初八为“牛王诞”。在这一天，人们会准备好各种祭品到田间进行祭祀。“四月初八田家虔备牲醴群，就所种阡陌间祀之，并剪纸为五色小旗遍插陇畔，以祈多稼，或于村中古树下叠石以祀，谓之牛诞，是日俗呼为牛王诞。”民谚云“六月六，晒衣服”，其实是由古时每年农历六月初六的“晒虫节”演化而来的。在这一天的中午，人们拿出衣物、稻谷等到太阳底下翻晒，以防虫蛀。有的地方在这一天还会宰杀牛羊来祭祀神灵，保佑庄稼能够不受虫灾影响、顺利生长。“六月六，曝书籍衣服以辟邪，乡村或宰牛豕祀神以保禾稼”，说的便是晒虫节。“重阳节”又称“重九节”，是古人在农历九月初九登高望远的日子。在古人的观念中，重阳是一个不吉利的数字，重九则更加不吉利。因此，人们会在重阳节这天举行很多活动，禳灾辟邪。“重阳俗祭北山石牛神，各坊社椎牛逐疫，亲朋相邀备酒果登高，按祭石牛庙及逐疫之举。”受到生产力和科学文化水平的局限和传统观念的束缚，面对频繁的水旱灾害，人们只能将希望寄托于神灵的保佑，以期消灾得福、风调雨顺、五谷丰登。

“大禹治水”是流传最广的故事。面对严重的水灾，尧派鲧去治水。鲧只建造堤坝来控制水势，结果洪水冲毁堤坝，水灾反而愈加严重。鲧花了九年时间也没能解决洪水的问题。舜接替尧为部落首领以后，亲自到治水的地方巡察，发现鲧办事不力、治水无方，立即将其治罪，并且派鲧的儿子禹继续治水。禹采取开渠排水、疏通河道的方法，带领人们经过十三年艰苦奋战，终于把洪水引入大海。在十三年的漫长岁月中，禹三过家门而不入。当时黄河中游有一座龙门山阻挡了河水的去路，导致河水常常溢出河道，酿成水灾。禹亲自到当地查看地形后，带领人们将龙门山凿开一个大口子，使河水能够畅通无阻地流过龙门山。

中国古代人认为，旱涝灾害是由天地之间的不和谐造成的。人们犯下的罪孽会导致天地不和，因此人们应该遵守“天命”。一方面，旱涝灾害接连不断且破坏力巨大；另一方面，人们的防灾减灾手段非常原始、落后。因此，人们将祈求生存的希望寄托于形形色色的信仰，大肆修建华丽的庙宇，建造不同的神像，不断地捐修庙宇、供奉香火，以达到人们祈求消灾保平安的需要。出于人们对各种自然灾害的恐惧和祈求平安的心理，民间的众神也有了多元性、功利性和实用性特点。如旱灾发生时，不同地方的人们分别会去不同的龙王庙、城隍庙、北山庙等祈祷降雨；水灾发生时，人们也会到这些庙宇祈祷。这些庙宇不仅能降雨而且还能止雨，是适应社会需要的产物，可谓是“一神多能”。

在水源丰富的地区，通常会有以水为特色的创世神话。创世神话广泛存在于世界各地。远古时期，先民们认为任何事情的发生都是由神秘的力量引起的，他们凭借想象创造出了创世神话。我国西南地区多山地、少平原，分布着众多少数民族。封闭的环境和丰富的文化孕育了多种多样的创世神话。其中最为突出的就是洪水创世神话和射日创世神话。我国西南地区水源丰富，河流湖泊分布广泛。布依族的、侗族的、苗族的神话中都记载了兄妹在葫芦里躲过洪灾，洪灾过后繁衍人类的故事。[①] 这些神话将洪灾发生的原因归咎为雷神作祟。这些神话故事中讲到，在远古时期，世上只有兄妹二人。由于二人触怒了雷神，雷神制造了一场大洪水。水势汹涌，淹没了大片的土地，兄妹俩只好躲进一个大葫芦里，抵挡洪水。洪水过后，兄妹俩从葫芦中出来，发现大地重生，花草树木都重新长出来，他们也开始重新建立新的家园。他们种植庄稼，养殖动

① 王宪昭. 中国少数民族人类再生型洪水神话探析［J］. 民族文学研究，2007(3)：141-146.

物，也开始繁衍人类。随着时间的流逝，这个村庄变得越来越大，人口越来越多，兄妹俩也开始教导孩子们知识，最终构建起了一个新的文明。他们为人类带来了繁荣，也为后世子孙留下了美好的回忆。

除大洪水以外，旱灾也是创世神话的重要内容。我国西南地区夏季较长，温度较高，干旱季节较长，雨季雨量不稳定。先民在经历旱灾时，感受到了炽热的阳光，因而把旱灾归因于太阳。布依族、侗族、仫佬族、苗族、水族、彝族都有射日的传说。[①] 故事的大致内容是在远古时期，天上出现了多个太阳。一位英雄用弓箭射落了多余的太阳，只保留一个太阳，人们的生产、生活才恢复了正常。创世神话反映了人类历史的进程。这是人类从无知的野蛮生活过渡到有知的文明生活的过程。这些神话中描述的是一个由自然环境支配的时代。在这个时代里，人们没有科学知识，依靠自身的力量艰难生存。历史发展具有多样性和复杂性。西南地区的创世神话包含了多种文化的影子，不同文化相互融合、多元发展。西南地区的创世神话还有多个历史阶段，遇灾、避灾、繁衍依次进行，反映了人类历史逐渐演变、发展的过程。

这些神话也反映了人类与命运抗争的精神。它们将人类的智慧、勇气和不屈不挠的精神描绘得淋漓尽致，表达了人们对自由、理想、希望的追求。它们鼓励人们相信，即使在最艰难的时刻，人类也能够抗击命运、改变命运，走向辉煌。在这些创世神话中，灾难是人类文化延续的动力。灾难不仅仅是破坏性的，它还激发了人类的创造力和创新力，使得人们能够探索新的领域，让人们从灾难中学习，并找到更好的解决办法，促成文化的延续。灾难的影响是持续不断的，它激发了人类挑战、勇敢、不屈服的精神，从而推动了文化的发展。

---

① 管新福，杨媛. 贵州少数民族神话中的灾难与救世［J］. 当代文坛，2014（5）：127-130.

古代没有发达的抗灾设施，遇到自然灾害往往没有能力自救。例如汉代渤海海水大溢、关东十一县涨水造成饥荒，很多人饿死，“琅琊县有人相食”。随着社会的发展，人们对于荒地进行了大规模垦殖，进行伐木、烧山、驱赶野兽的活动。周代以后，人们为了开垦农田、建造房屋、放牧而砍伐森林，甚至为战争而毁林。由于森林的减少，干旱现象日趋加重。等到春秋战国时期，影响农业生产中的主要自然灾害已经不是洪水内涝，而是干旱。各诸侯国都利用灌溉渠道来解决干旱问题。当时著名的灌溉渠道工程有都江堰、郑国渠等。

赣州福寿沟是宋代修葺保留至今的水利工程。① 现今的赣州福寿沟排水系统位于江西省赣州市。福寿沟排水系统经过了长时间的探索才得以形成和完善，现今遗留下来的排水系统因走向形似篆体的“福”“寿”二字而被称为“福寿沟”排水系统。该排水系统在赣州防洪方面贡献突出。赣州城能够在三面环江的地理位置稳固至今，福寿沟排水系统功不可没。福寿沟排水系统有两大鲜明的特点：一个是防洪排涝成效显著，另一个就是历史悠久。福寿沟自宋代修建至今，已有九百多年的历史。福寿沟历经近千年依旧能够较好地发挥排水防洪的作用，可见其蕴含了深刻的智慧。

在地理位置方面，赣州城东、西、北三面临水，章、贡二水在城北汇聚为赣江，所以又被称为“千里赣江第一城”。古人选此建城，是基于多方面考虑的。一是此地易守难攻，两江作为天堑，形成了天然的防御屏障。在古代，敌人越过章、贡两江不是一件容易的事情。二是赣州城位于两江交汇处，难以突破两江向北发展，但往南却有广阔的腹地。三是此处取水方便，古代城市大多因河而兴。现今的赣州西北低、东南高

---

① 吴运江，吴庆洲，李炎，刘小刚，余长洪. 古老的市政设施——赣州“福寿沟”的防洪预涝作用 [J]. 中国防汛抗旱，2017，27（3）：37-39+56.

而向中部倾斜，略呈马鞍形，中为凹陷盆地，多丘陵。市区内以红旗大道为分水线，呈现出中间高、四周低的龟背地形。由于赣州东北和东南地势较低，每年雨季到来、江水上涨之时，东北和东南沿江处都会受到水患的威胁。在气候方面，赣州地处亚热带季风气候区，夏季受副热带高压影响高温多雨，雨季集中在四月至六月份，其中六月降雨量最高。由于距离东南沿海较近，易受台风影响，冬季温暖湿润，少降雪，河流无冰期。古人修建福寿沟排水系统就是要改变地势与气候带来的劣势，从而形成了绵延近千年的福寿沟治水文化。

赣州的福寿沟排水系统主要是宋代刘彝建造遗留下来的，在经过历朝历代的维护与修复后依然发挥作用。赣州城址最早在552年建造于章、贡二江之间。当时的城区规模较小，但是已经建设了简易且不完善的下水道。整个城区只有这一个排水口（涌金门外的排水口），这便是福寿沟建造的基础。唐末战乱，卢光稠占据赣州城。出于对军事和城市管理的考虑，他重新对赣州城进行规划建设，扩建城区。卢光稠将城市的中心放在了城市西北处，下水道也随着城市范围的扩大而延伸。但由于扩建工程浩大和对城西北低洼的地势没有充分的了解，城市的排水系统规划建设缺乏科学性，为生活埋下了隐患。城内百姓在之后的一二百年里，屡遭洪水的侵害。

北宋年间，赣州城的经济文化空前繁荣，是当时全国的“三十大州之一”。由于城内水患频发，百姓不堪其扰，时任赣州知州的孔宗翰发现土质的城墙容易遭受洪水的冲击而坍塌，认为应该修建更加坚固的砖墙才能抵御洪水，遂开始修建赣州城外的砖墙。经过孔宗翰的独特设计和工匠们的精心建造，砖城修建成功后，坚固的城墙确实抵挡了江水的侵袭，巧妙地将城墙当成了“堤坝”。“堤坝”根据防洪需要高度有所变化，最高处可达十余米，形成了一道阻水的良好屏障。从此砖墙成了赣州城的防洪大堤。但是砖墙也有利有弊。当江水高于赣州城的海拔时，城墙可以阻挡江水，这种情况是有利的。然而，当江水未超过赣州城的海拔之时，城内的积水容易被严密的砖城墙挡住而无法外排。而且，江水漫过排水沟的出水口时，江水容易从下水道的出水口涌入赣州城，造成“大水灌城”。赣州城仍需要一个更加严密的排水系统。

北宋熙宁年间，被任命为虔州知州的刘彝来到赣州上任，他目睹了不完善的排水系统使得赣州百姓遭受洪水侵害的情景。刘彝利用所学的水利知识，在对城区街道进行规划的基础上，对赣州城进行了多次考察，开始了历时近十年的浩大工程。刘彝根据赣州城西南高、东北低的地形特点，对城区排水系统进行划分，城东南部为福沟，城西北部为寿沟。赣州福沟、寿沟排水干道结合赣州的古城墙、水塘及刘彝独创的水窗形成了一个特有的防洪网。

福寿沟能够有效排水，最基础的原因是顺应地势，分区排水。福寿沟在两大主沟福沟和寿沟建成后又陆续修了一些分支沟，形成纵横交错的排水系统。这些排水沟与赣州城内的地形与地势密切相关。支沟把各处雨水汇集至主沟，主沟把汇集来的雨水迅速排往城外。主沟和支沟的合理设计保证了不同地势、地区雨水的迅速汇集。在暴雨降临之时，众多迂回曲折的支沟把大量雨水输送到主沟之中。为了保持主沟有足够的排水能力，福寿沟的主沟截面面积设计之大，在古代甚至现代的排水系统里都是很少见的。福寿沟根据排水需要设计沟道的坡度，顺应坡度变化增大水流速度，使得主沟的水流速度足够快。通过扩大沟内截面、顺应地势保持沟道坡度的方法，福寿沟能够抵抗较大的排洪压力。这种设计解决了地形复杂和雨水集中的问题。

赣州古城的排水系统以城墙为堤坝，抵御洪水入侵。在修建砖墙之前，赣州城的城墙是夯土城墙，一旦遭遇洪水便脆弱不堪，城内百姓深受其害。为了保证城墙的建造质量，赣州城墙采用了“铭文砖”。铭文有的刻有工匠姓名，有的刻有铸造年份。这些铭文就好比今日的商标，保证了古城墙每一块砖的质量。城墙修建起来以后，江水就难以冲毁城墙而入城了。除此之外，福寿沟的水窗也发挥了重要作用。当洪水水位高于沟内水位时，江水的压力会将水窗压紧。等江水水位低于出水口水位之时，水窗会被沟内水冲开。这样江水就无法通过水沟灌城，同时也不影响沟内水外排。福寿沟的设计很好地利用了池塘，使得赣州城内水系连通，达到调蓄洪水的作用。赣州城内有很多池塘与小溪，这些水系互相连通发挥了涝时储蓄雨水的作用，类似于如今的水库。当沟内水无法外排时，沟内水流自动进入池塘中。当江水水位下降直至低于福寿沟出水口时，福寿沟水窗会被沟内水冲开，池塘多余之水又能自动外排入江中。赣州古城下水道呈“钱币”状。每个“钱币”内有多个孔洞，在过滤水中杂质的同时还能起到美化城市景观的作用，有效地减少了杂物进入下水道的概率。福寿沟出水口附近的沟道倾斜，使得水流到了水窗处流速加快。水的冲力加大，能够迅速地冲开水窗，避免水和杂质的堆积。沉井的精妙设计能够将沟内的沉积物聚集起来，便于居民在一定时期内及时清淤。

## 第三节　应急管理

“应急管理”是“突发事件应急管理”的简称。突发事件是指突然发生，造成或者可能造成严重社会危害，需要采取应急处置措施予以应对的自然灾害、事故灾难、公共卫生事件和社会安全事件。近年来，我国自然灾害频发，事故灾难减缓，公共卫生势态良好，社会安全事件影响力扩大，形式多样。从突发事件应对的事前预防态度和事后应对态度及行为这两个角度来看，如果将预防态度和事后应对态度当成平面坐标轴的两个维度，那么就可以画出一个二维坐标图，横坐标表示事件发生前人们对事件的态度，纵坐标表示事件发生后人们应对的态度与行为。突发事件发生前人们持有的态度为积极预防和消极面对，而事件发生后人们为主动应对与被动应对。据此，可以将坐标图划分为四个象限，分别是“积极预防—主动应对”型、“消极预防—主动应对”型、“消极预防—被动应对”型、“积极预防—被动应对”型。世界各国在这个二维四象限上都有自身的位置。[①] 这一位置，反映了各国对灾难的态度和其背后的灾难文化。

中国是“消极预防—主动应对”型的典型代表。中国在突发事件发生后能够积极响应，采取有效应对措施，然而在事件发生前的预防过程中却显得不足，缺乏一定的危机预防意识。中国虽然自古以来自然灾害频繁，各种突发事件不断，但中国的事前应对措施却很不完善，人们的危机与预防意识也一直欠缺。即使近些年中国已经开始注重突发事件的事前预防措施，加强了各种突发事件与灾害的宣传以及民众灾害意识的培养，但短时间内仍未见到本质性的变化。但中国在灾害事件发生后能够非常积极地应对。对于“消极预防—主动应对”型的应急管理倾向来说，中国在突发事件发生以后能够立刻主动采取一系列应对措施，以减轻事件影响程度和影响范围，降低突发事件造成的损失。但是，由于缺乏一定的事前预防意识和预防措施，中国不能有效地降低突发事件发生的可能性。突发事件发生后，即使事后有一系列应对措施，事件所带来的损失和后果也是无法弥补的。因此，“消极预防—主动应对”型的应急

① 汪云，迟菲，陈安. 中外灾害应急文化差异分析［J］. 灾害学，2016，31（1）：226-234.

管理倾向需要更加注重事前预防意识的培养以及预防措施的准备，从而在更大程度上减少突发事件的发生及其带来的损失。

印度是“消极预防—被动应对”型的典型代表。不管是突发事件发生前的预警与预防，还是事件发生后的应急应对过程，印度都存在着很大的不足之处。2005 年以前，印度没有设置单独的政府机构来负责灾害应急管理事务，各种灾害分别由不同的政府部门负责管理。这种按专业进行分工进行职能设置和责任划分的指导思想无法满足严重灾害对统一协调和管理提出的苛刻要求。2001 年的古吉拉特邦 7. 8 级地震使这个问题得以暴露，最终促使印度建立了以总理为首的全国灾害应急管理委员会。然而，印度在主观上却始终拒绝和灾害博弈。持“消极预防—被动应对”型应急管理倾向的国家，由于缺乏事前的有效预防和事件发生之后的应对措施，突发事件造成的影响和损失都是不可估量的。从长远来看，只有在事前灾害意识培养、预防措施以及事后应对方面都努力进行改进和提升，才能降低突发事件所带来的影响和损失，促进整个国家经济、政治、文化的全面发展。

日本是“积极预防—被动应对”型的典型。日本有相当完善的事前预防体系，这体现在日本的法律法规、日常教育、城市设施等各个方面。然而，在突发事件发生后，不管事件状况是否已经得到很好的控制，也不管事件导致人们的生活甚至生存状况变得多么艰难，日本人总是表现得过于沉着，并不开展紧锣密鼓的救援活动。持“积极预防—被动应对”型应急管理倾向的国家能够在突发事件发生之前就做好充分的准备，培养人们的灾害意识，采取有效的预测预防措施。这些准备能够在一定程度上降低或避免突发事件的发生。即使有些突发事件无法完全避免，事前充足的准备措施也能够在一定程度上有效地缓解突发事件带来的紧急状况。然而，被动应对使得这些国家对于突发事件的应对更多地依赖于事前准备，而突发事件发生之后的应急处置则略显不足。当事件的影响超出事前准备的措施所能应对的程度之后，被动的应对方式无法及时有效地处理事件和降低损失。因此，即使拥有较为完善的事前预防措施，这种类型的国家仍然有必要进一步提升其事后应急处置的能力，将突发事件所造成的影响和损失控制到最小。

德国是“积极预防—主动应对”型的典型代表，在灾害事件发生前后总是能够积极主动地进行预防和响应。德国非常注重灾害的监测和预警，政府发出的预警信息可以在几秒钟内通过公立和私人的电台传遍全国，也可以通过互联网、移动电话等媒介向民众发出预警报告。为实现对预警信息有效地收集、整理和发布，德国建立了一套依托卫星的危机预防信息系统。这套系统集中了互联网上所有可以找到的危机预防措施信息，并向全社会开放。同时，为便于各种罕见灾难发生时迅速进行信息分析、实现信息共享，德国还建立了民事保护和灾难防护领域的内部信息网络，供应急管理相关部门使用。拥有“积极预防—主动应对”型应急管理行为的国家，不仅具有很强的灾难意识和完善的事前预防措施，还拥有清晰明确的主动应对意识和较为完备的事后应急方案。因此，这种类型的国家一方面能够做好事前的预测和预防，在一定程度上减少或避免突发事件的发生；另一方面即使事件不可避免地发生了，也能够采取积极有效的应对措施，从而将突发事件的影响和损失降到最低。“积极预防—主动应对”型应急管理方式是值得学习的典范。

灾难文化是由不同的民族性格塑造的。中国和美国在突发事件的应对上，反映了截然不同的灾难文化和民族品格。美国崇尚个人主义，强调个人理想与价值的实现，突出个人在组织中的作用。在突发事件应急处置与救援过程中，掌握更全面信息的个体往往能够有更大的发挥空间。他们可以根据所掌握的信息做出判断，及时采取有效的措施，阻止事件的进一步恶化，降低事件所造成的损失。此时，这样的关键个体所采取的措施是及时有效的，甚至是高效的。因为他并没有过多地受到组织的约束和限制，而其所带来的作用也可以超越于组织之上。这一点在美国影视作品中具有很清晰的体现。不管是钢铁侠、蜘蛛侠、蝙蝠侠这样的超级英雄，还是电影《白宫坠落》中在危急关头发挥重要作用的普通公民，都很好地体现了正常程序无法继续发挥作用时，个体能够有机会凭借自身能力和掌握的信息发挥关键作用。在突发事件中积极主动发挥作用的个体得到支持和鼓励，不仅能激发组织中每个人的创造性，很多时候还能允许每个人在应急处置的危急关头及时采取有效措施，让事态得到控制，从而大大降低突发事件带来的损失。

美国文化是接受和鼓励关键个体作用发挥的个人英雄主义的。这是因为美国是一个移民国家，来自世界各地的移民离开自己的国家前往美国。美国人认为机会人人平等，每个人都应该通过努力去获取成功，实现个人价值。因此竞争意识和个人英雄主义是美国文化非常重要的部分。一直以来，美国人都追求和强调自我意志的表达和自我价值的实现。这种对于实现个人理想和个人价值的狂热追求构成了在危急关头积极采取措施、发挥个体作用的最主要的动力。此外，美国的政府机构或公司部门在管理成员时非常重视管理的弹性，注重成员个性的发挥。个人的能动性和创造力有很大机会能够得到组织的支持并付诸实施。正因如此，人们在有机会发挥关键作用时，并不会过多地受到来自组织的约束和限制。

中国个人和组织在应急管理中的作用与美国截然不同。一旦突发事件发生，个人或基层组织会将事件信息逐级上报给最终具有决策权力的部门。最终决策部门根据所获得的信息进行决策指挥，再逐层对下级实施部门发布指示和命令。此时，组织和程序的作用是远在个人之上的。

事件信息被一层一层地向上级汇报，直到有关部门做出应对指示，已经是事件发生十几小时之后了。由于没有及时采取有效措施，很有可能错过最佳处理时机。信息逐层上报、命令和指示逐级下达，这样的组织方式虽然在一定程度上提高了决策的可靠性，长时间的信息传递过程也会浪费大量宝贵的应急时间，导致事态进一步恶化，最终造成更大的损失。

在中国，重大突发事件应急处理过程中，很少有个人作用超越于组织之上的情况。组织的作用一般远远大于个人。一个重要原因是中国传统儒家文化给人们带来了集体主义思想。在群体利益面前，儒家文化倡导的是牺牲小我而成就大我，不鼓励个人意愿和竞争意识。此外，个体在维护群体利益的过程中，也在很大程度上形成了对群体的依赖。这也解释了为什么在面对突发事件时，一旦当前流程规定无法给出有效的处理方案，人们更多的是被动地等待组织或者上级的指示，而不是主动地采取有效措施。除了儒家文化给人们的思维方式所带来的影响外，中国权职层次严格划分的组织制度也给组织中每个人的行为带来了较强的约束和限制，使得人们几乎没有自由发挥的空间，即使有自由发挥的空间，人们也很少会选择去擅自做决定。个人或是基层组织第一时间根据要求将事件上报，并根据流程规定或上级指示，采取相应的措施。然而，正如青岛输油管发生爆炸之前总会有小范围泄漏发生一样，很多突发事件发生之前都会出现一些可以控制的苗头或征兆，而且这些苗头或征兆往往都是个人和基层组织发现的。很多时候，人们所担忧的是一旦处理不当导致了更大的损失，自己就会被追究责任。因此，人们宁愿选择按部就班、程序化的方法，将突发事件情况逐级上报，而不愿意根据自己对事态的认知及时采取可能更加有效的应对措施。

中国这种上下一体、流程严谨的应急管理体制也有利于调动和整合多方面资源。自然灾害和战争灾难都迫使社会加强预警、存储资源、发展科技，因而用于战争的技术和资源也往往用于自然灾害的救援工作。以汶川地震为例，在地震 72 小时内，多地军队医疗队等纷纷赶赴灾区。特别是在大洪水、地震灾害的救援过程中，我国军队都承担了重要的作用。汶川地震中，首先到达灾区的救援力量根据实地情况返回信息，医院、消防、公安等部门根据需要前往配合。种类丰富、数量巨大的救灾设备和应灾物资也根据实际情况不断加增和补给。由于汶川地震造成道路受阻和暴雨恶劣天气，出现部分救援力量不能准时到达、救援物资无法运输投递的情况。因此，修整进入灾区的道路也是救灾的任务之一。在道路通畅后，大型挖掘机、装载机成功抵达灾区，随后舟艇等设施也向灾区调运，形成了海陆空全方位的救援体系。

在现代社会，“灾难”被更为准确地认知为威胁公共安全的突发事件，尤其突出了灾难的突发性和群体性。如今，影响安全发展、和谐进程的因素大量存在。我国面临的发展机遇前所未有，但在信息化快速发展的挑战下，各种传统的和非传统的、自然的和社会的、国内的和国际的安全风险、常规与非常规突发事件交织并存。社会群体安全事件高发、四类突发事件互相转换，不稳定、不确定、不安全因素增多。这都让我国公共安全形势面临前所未有的严峻性，也为应急管理工作带来了诸多挑战，亟须开展应急管理研究与实践。在现代应急管理视域下，应急管理研究与实践主要包括风险分析、机理分析、机制设计、能力评估四方面内容。

风险分析是风险管理流程的阶段之一，在风险识别的基础上对风险进行分析和描述，是对风险识别的深化。① 一般情况下，风险的衡量主要包括对损失频率和损失程度的衡量。风险衡量往往需要充分有效的统计

---

① 牟笛，陈安. 中国科技减灾的现状及发展路径［J］. 科技导报，2019，37（17）：84-91.

数据，并借助分析工具来完成。风险管理流程通常包括前期调研、风险识别、风险分析、风险评价、风险处置等五个阶段。风险分析方法是应急管理研究的主要手段，结合文献回顾、专家访谈、案例分析等辅助方法，能够实现对突发事件和应急管理现状实际、全面、科学的认知。风险分析通常将定性、半定量、定量方法相结合。常用的定性方法包括检查表法、类比法、现场调查法、德尔菲法、头脑风暴法等。常用的半定量方法包括风险矩阵法、层次分析法、影像图分析法、事件树法、故障树法等。常用的定量方法包括概率法、指数法、灰色理论分析法、模糊综合评价法、计算机模拟分析法等。

不同的突发事件表现出来的特性和规律差异性较大，因而必须有针对性地研究其规律和特性。由于现代社会突发事件的种类繁多，人们往往会将注意力放在对事件特殊性的考察上，而缺少对事件共性的研究。机理分析方法通过可分解、可推演的研究模式，能够明晰突发事件的内在规律，完善应急管理体制，推进应急能力的现代化，提高应对、处置突发事件的效率。突发事件的一般性机理由原则性机理、原理性机理、流程性机理、操作性机理组成。原则性机理是对突发事件特征的简单描述，重点探讨突发事件的突然性、茫然性、必然性、偶然性。原则性机理挖掘突发事件的快速启动性、探索尝试性、有效遏制性、动态博弈性等。原理性机理刻画了突发事件和应急管理整个过程的规律性。原理性机理可以划分为先后相继的两个阶段，一是单事件阶段，二是多事件阶段。在单事件阶段中，机理体系分为发生机理和发展机理两部分。对于多事件之间存在的关系可以用“演化”概括，分为“转化”“蔓延”“衍生”“耦合”四个不同的机理模式。每个突发事件的原理性机理都对应着应急管理的策略，就是与发生机理相对应的过程阻断、与发展机理相对应的中止隔断、与演化机理相对应的路径控制、弃子、择优、解耦等环节。流程性机理说明了事件发生、发展的前后逻辑顺序，也说明了应急管理过程中需要遵从的处置逻辑。突发事件的流程性机理与原理性机理之间存在着十分密切的联系。在本质上，突发事件是一个能量变化的过程。不同的外界环境对突发事件的发展起到阻碍或推动的作用，因而应急管理存在着多种路径选择。路径具有链式、辐射式、迁移式、汇集式四种基本形式，分别对应突发事件原理性机理中的转化、蔓延、衍生和耦合。操作性原理以流程性机理为基础。但是由于实际情况与理想状态存在差别，实际情况往往存在着种种约束，各种突发事件只能在各种限制条件下寻找最优路径，使损失最小化。类似地，操作性机理从开始到结束的每一步也存在着各种约束，受到可用资源、环境、时间、技术等多种因素的制约，很多环节可能是现有条件下根本无法实现的。突发事件和应急管理的一般性机理分析从多个角度刻画了事件从萌芽、发生到减缓、结束的整个过程，并对该过程中每个环节的规律性进行较为细致的探索。与此同时，操作性机理可用于总结应急处置过程的一般规律，从而为进行全生命周期应急管理提供必要的理论依据。

机制设计规定了应急管理中体制运行需要遵循的规则和规律，是应急管理体系建设的基础性内容之一。建立统一指挥、反应灵敏、协调有序、运转高效的应急管理机制尤为重要。监控与启动机制、处置与协调机制、运行和评价机制、监督与奖惩机制、终止与补偿机制构成了应急管理机制的基本架构，能够为提高灾害监测预警和风险防范能力、优化应急策略和方案、整合应急力量和资源等工作提出对策建议。监控机制是突发事件发生前对风险进行一系列监视和控制的方法。启动机制是判断突发事件是否达到一定的危害程度，以及决定是否需要启动应急预案的方法。指挥机制、处置机制、协调机制密不可分。处置突发事件必然会涉及多个相关主体。因此，处置机制与协调机制应该相继启动，实现人员及不同组织的协调配合。指挥机制起到的是主导性的作用，保证了处置、协调过程有序、正确、高效地进行。运行机制保证应急管理相关人员服从指挥、分工协作。评价机制一方面要对突发事件的发生、发展、演化情况进行评价，另一方面也需要对应急管理的效率、效果、效益进行评价。监督机制伴随整个应急管理过程，从应急机制启动开始，到处置机制、协调机制、运行机制、评价机制发生作用，都应该处于监督机制的有效管辖范围之内。奖惩与问责机制的启动应在整个应急管理过程完全结束之后，主要作用是对在应急管理过程中的不当措施进行责任追究。终止机制的启动表示危机已经大部分或者全部解除，意味着已经完成灾后的快速恢复，应急状态已经转化为常态。补偿机制保障善后工作的顺利实施，为应急管理机制的再次启动打好基础。

能力评估不仅是应急管理研究与实践中的一环，更是应急能力建设的前提。切实可行的应急能力评估体系既应符合应急管理的一般原理，又适用于当前中国应急体系的现实特点。应急能力评估的指标主要包括应急力量、装备、配置、布局等。从系统的角度考虑指标设计，提取分级评价指标，根据实际数据深入分析各因素的影响。应急能力评估需要在资源分类的基础上，了解评估对象的静态保障能力和动态处置能力。静态保障能力评估的对象是应急主体的资源配置情况，不考虑时间的影响和实际处置突发事件的能力。动态综合能力评估不仅要考虑应急管理本身，还要考虑处置对象，即除了要有静态保障能力的评估，还要考虑应急主体在面对突发事件时的实际能力。应急能力评估贯穿应急管理的全过程，事前对风险进行评估，事中根据“可减缓性”“可挽救性”“可恢复性”特征进行事态评估，事后则对损失和应急效果进行评估。

尽管灾难文化在防灾减灾方面具有重要意义，但是灾难文化在应急管理研究中受到的关注依然有限。文化虽然很难直接减少应急管理的障碍，但有许多案例表明，地区在应急管理过程中能够从当地的文化背景和资源中汲取力量。应急管理根据灾难文化调整干预措施和战略，最大限度地满足受灾群众的需要，增加受灾群众获得服务的机会，有助于灾区的恢复。为此，就要进一步明确灾难文化的内涵和实质，对灾难文化的特点进行深入分析。灾难文化的主体是人类本身。灾难文化是人类在应急活动中创造出来的，其最终的目的也是为了保障人类安全的生存和发展空间。人类既是灾难文化的创造者，也是灾难文化的受益者。

## 第四节　科技减灾

现代应急管理最突出的特点就是对科技应用。随着科学技术和我国应急事业的发展，应急科技作为全国应急事业的保障，得到了社会各界的高度重视。近年来，我国应急科技成果呈现出多样化、实用化趋势。科技减灾已经成为灾难文化的一部分，深深地烙印在人类发展的文化长河之中。我国突发事件多发、频发，各种灾难成因机理复杂、相互关联，需要设计具有科学性、前瞻性的制度，整合应急管理力量，打破依靠联席会议或临时机构协调开展跨部门救灾的格局，避免应急资源重复储备和建设。现阶段，我国应在总体国家安全观的指导下，构建集政治安全、国土安全、军事安全、经济安全、文化安全、社会安全、科技安全、信息安全、生态安全、资源安全、核安全等于一体的国家安全体系。我国需要尽早实现机构精简、信息共享、资源统筹、合作应对，形成统一指挥、专常兼备、反应灵敏、上下联动、平战结合的中国特色应急管理体制。

我国的应急科技政府主导明显，应从体制机制改革着手带动应急科技发展。我国的科技伴随着应急管理工作的开展兴起，在应急管理实践中起到了重要的作用。国家方针政策引领着应急科技的发展。在国家多次倡导和号召下，我国的应急科技有了长足的发展。应急管理部的成立是我国应急体制机制的重大变革。在应急管理部成立的背景下，科技的运用为有效实现更科学、更完善的应急处置方案提供了基础，能够有力支撑应急体制、机制、法制的贯彻实施。应急预案和应急体制、机制、法制也应为应急科技的发展预留更加广泛的空间。

应急科技的发展处于全国整体科技发展的大环境之下，大数据技术、物联网、通信技术、虚拟现实技术、卫星及遥感技术既是我国科技发展的重点领域，也是我国应急科技发展的前沿阵地。我国应急科技的发展离不开整体科技水平的进步，除体现在专用应急专利技术中外，在与其他领域兼用和关联的应急科技中也有很好的体现。发展应急科技平台、开发专用应急科技、利用其他科技进步成果，将使得科技更好地服务于我国应急的事业。

应急科学知识与技术紧密联系，应急知识积累是发展应急技术的基础。我国的应急科学知识与应急技术专利有相似的归属领域和发展趋势。以科学知识为基础发展应急科技，以技术创新带动知识发展，形成良好的学术与科研氛围，将有利于我国科技研究工作和应急管理工作共同进步。我国的应急科学研究和高等教育力量有待整合，应采用技术、学员、干部的全流程素质教育模式，扩大应急人才储备，深入挖掘应急科学知识，提高应急科技成果转化力度。

2003 年“非典”事件后，我国于 2006 年设置国务院应急管理办公室，履行应急值守、信息汇总、综合协调三大职责。各级地方政府也陆续设置应急办，不同的专业部门管理不同类型的突发事件。近几年，我国社会发展中不平衡、不协调、不可持续等问题依然突出，各领域风险交织叠加，对应急管理提出更高的要求，需要防范化解重特大安全风险，健全公共安全体系，整合优化应急力量和资源，提高防灾减灾救灾能力，确保人民群众生命财产安全和社会稳定。根据2018年我国国务院机构改革方案，整合相关部门职责，组建应急管理部。应急管理部是国家治理体系的重要组成部分，是构建全方位应急管理体系的要求。应急管理部将分散在国家安全生产监督管理总局、国务院办公厅、公安（消防）部、民政部、国土资源部、水利部、农业部、林业局、地震局以及防汛抗旱指挥部、国家减灾委、抗震救灾指挥部、森林防火指挥部等部门的应急管理相关职能进行整合，在很大程度上可以实现对全灾种的全流程和全方位管理。按照分级负责的原则，一般性灾害由地方各级政府负责，应急管理部代表中央统一响应支援。发生特别重大灾害时，应急管理部作为指挥部，协助中央组织应急处置工作，保证政令畅通、指挥有效。应急管理部负责处理防灾和救灾的关系，明确各机构、组织的职责分工，建立协调配合机制。应急管理部的主要职责包括组织编制国家应急总体预案和规划，指导各地区、各部门应对突发事件工作，推动应急预案体系建设和预案演练；建立灾情报告系统并统一发布灾情，统筹应急力量建设和物资储备，并在救灾时统一调度，组织灾害救助体系建设，指导安全生产类、自然灾害类应急救援，承担国家应对特别重大灾害指挥部工作；指导火灾、水旱灾害、地质灾害等防治；负责安全生产综合监督管理和工矿商贸行业安全生产监督管理等。

科技减灾是国家长久发展的大计，是科技强国的重要组成部分，需要有科学、完备的支撑系统作为保障。科技减灾支撑需要进行资源整合和优化配置，鼓励全社会参与防灾减灾，对科技支撑系统的建立具有积极作用。科技减灾支撑资源分为自然资源和社会资源，包括环境资源、能源资源、经济资源、权力资源、智力资源等。我国科技减灾支撑资源广泛分布于建设、制造、信息、咨询、物流、教育、培训、公益等行业领域，主要包括人力、资金、物资、设施、信息、技术等资源。其中，人力资源包括专职应急管理人员、相关应急专家、专职应急队伍和辅助应急人员、社会应急组织、企事业单位、志愿者队伍、社区、国际组织，以及军队与武警等。减灾资金主要包括政府专项应急资金、捐献资金、商业保险基金。物资资源主要有防护救助、交通运输、食品供应、生活用品、医疗卫生、动力照明、通讯广播、工具设备、工程材料等。设施资源包括避难设施、交通设施、医疗设施、专用工程机械等。技术资源主要有应急管理专项研究、技术开发、应用建设、技术维护以及专家队伍。信息资源包括事态信息、环境信息、资源信息和应急管理知识等。

科技减灾水平的提升也需要以法律法规、管理平台、科研条件为基础。关于科技减灾建设，目前只在一些政策中有总体目标和基本原则的叙述，没有以法律条款形式明确社会力量参与的合法性与边界性。我国应尽快出台相关法律法规，完善监管制度，为科技减灾建设提供合法性、规范性、制度性保障，防止科技减灾流于形式。我国尚没有地方性或全国性的科技减灾支撑平台。缺乏统一的支撑平台，造成社会需求与有能力提供科技服务的社会组织间无法建立沟通，政府也难以获取相关社会组织的基本情况。科技减灾支撑平台应信息透明、资源共享，方便政府、社会组织、普通民众查询获取科技减灾资源。科研院校等学术机构在科技减灾中的作用也不容忽视。根据《关于加强大中小学国家安全教育的实施意见》的要求，我国将在不久的将来设立国家安全学一级学科。这将对我国国家安全、应急管理相关的学科体系建设提供新的契机，并可能引发新一轮应急管理相关学术机构的诞生。科研院校师生和相关工作者是促进科技减灾发展的重要力量。科研教育机构能够培养应急方面的专业人才，促进我国应急专业教育的发展。

应急事业的发展离不开科技的进步。世界科技强国普遍重视对应急科技的扶持工作。2006 年，我国《国家中长期科学和技术发展规划纲要（2006—2020）》将公共安全列为我国未来科技发展的重点领域。2007 年 11 月，全国贯彻实施突发事件应对法电视电话会议指出，我国的应急管理要依靠科技，应加大科技投入、加快研究开发。应急科技作为全国应急事业的保障，得到了高度重视。2014 年，国务院办公厅发布的《关于加快应急产业发展的意见》强调“以改革创新和科技进步为动力，激发各类创新主体活力，加快突破关键技术”。2017 年 7 月，工业和信息化部发布了《应急产业培育与发展行动计划（2017—2019 年）》，提出支持应急产业科技发展、健全应急产业创新平台、攻克应急产业关键核心技术。2018 年，应急管理部公布了第一批安全科技支撑平台，以期促进科技资源开放共享、持续加强科技支撑能力建设、发挥科技对应急管理与安全生产工作的支撑作用。2003 年，“非典”事件推动了我国应急管理体制的建设和完善，我国应急管理的学术研究也开启了新的征程，极大地丰富了应急管理理论和实践经验。2003 年至 2018 年，科技与应急管理相结合的相关研究文献数量呈现出逐年增加的趋势，[①] 尤其在 2006 年至 2007 年、2012 年至 2013 年这两个阶段内，发文量出现爆发式增长，应急科技研究主题的研究热度快速提升。2006 年，国务院成立了应急管理专家组，为基于应急管理全生命周期的应急科技支撑体系建设提供了发展契机。2008 年后南方雪灾、汶川地震、玉树地震和舟曲泥石流等突发事件频繁发生，对应急救援的即时性、有效性和专业性提出了更高的要求，也加快了应急科技以及应急产业的进一步发展。

地理信息系统、信息技术、应急通信技术、物联网、虚拟现实技

---

① 牟笛，韩玮，陈安. 中国应急科学知识与技术文献计量及应用对策［J］. 科技导报，2019，37（16）：48-53.

术、卫星及遥感应用、智慧应急、大数据技术等与其他关键词之间的联系程度较强，是科技与应急管理相结合的研究重点和热点。这些科技在应急管理中的应用非常广泛，受到了较高的关注。在2003年至2007年，“地理信息系统”这一关键词在应急科技相关学术论文中最为突出，是该阶段应急科技领域的研究重点。2003年的“非典型性肺炎”事件后，中国政府加强了应急预案与灾害预警工作，地理信息系统为应急规划与准备提供了有力支撑。此阶段的科技热点还包括人工智能、信息集成技术等。在2008年至2012年，应急科技发展迅速，科技类型与应用领域都表现出多样化。“物联网”“应急通信”“应急平台”“应急指挥系统”“虚拟现实”等应急科技成为研究焦点。在此阶段中，南方雪灾、汶川地震、玉树地震等重大突发事件极大地刺激了中国应急管理的进一步快速发展。应急管理相关研究工作扩散至应急通信、应急指挥、应急救援等众多领域，应急管理模式也从单一主体应对模式向多元主体协同模式转变。我国应急管理已经向系统性、创新性、全面性方向迈进。在2013年至2017年，“无人机”“大数据”“智慧城市”“云计算”“虚拟现实”等逐渐成为研究热点，丰富了应急管理科技支撑体系，加快了应急产业的发展，促进了应急生态的形成。

应急科技产品可以分为专用、兼用、关联三类。专用型应急科技产品即专门为应急管理事业研发、生产、使用的科技产品。兼用型应急科技产品是既可以为应急事业服务，也可用于其他生产生活环节的科技产品。关联型应急科技产品与应急事业有一定关系，但并非因应急而产生。国家知识产权局专利检索库中可检索到的与应急相关的专利，多为专用应急科技产品。我国近两年应急科技专利发展基本平稳。从灾种上来看，我国研发的用于火灾消防和自然灾害的应急科技产品占比较高，尤其以火灾消防的科技专利最多。用于火灾预警、救援的专利包括各种零件、器具、系统，适合生产、生活各类场景。在与自然灾害相关的科技专利中，用于地震的应急专利最为丰富，主要为各类用于防护和救援的器具和机械装置。监控预警和救援逃生对应着应急管理的事前和事中两个阶段，以预警和救援为主要任务。这两个阶段应急科技专利占比较高，反映了灾难预警和应急救援对科技的巨大需求。监控预警专利以系统和平台最为多见，广泛涵盖数据采集、信息处理、方案生成的全过程。救援和逃生专利以延长救援及自救的时间与概率为主要目标，立足于保障人身财产安全。

和应急科技研究相似，应急技术专利也以无线通信、人工智能等为重点领域。应急无线通信技术向着高强度、远距离、低能耗的方向发展，力求保证无线通信设备在极端环境下可操作、可修复。无人机、机器人等应急专利也十分丰富，如森林火灾监测无人机、仿人格斗机器人、移动安防机器人等。在应急技术的研发过程中，系统平台的建设尤为重要。应急管理部成立后，首先公布了一批安全科技支撑平台，反映了我国应急管理系统化、技术化、综合化的时代要求。供电照明是应急科技产品运行的动力和能源，应急供电照明产品在应急管理中占有支撑地位。应急科技中清洁环保产品和能源的利用，是坚持可持续发展的体现。

应急科技被认为是推动应急事业专业化、规模化、标准化的动力，是应急创新的源泉。应急科技的发展情况常被作为评估国家、区域应急管理能力的重要指标。近年来，我国加强科研攻关，鼓励技术创新，引进、消化国外先进技术，应急科技成果呈现出多样化、实用化趋势。大数据分析、网络通信技术、地理信息系统、卫星和航拍技术、废墟生命搜救技术等被认为是我国应急管理领域发展的优势行业。如井下无线宽带视频通信系统、多功能集成式救援装备车、多功能集成式充气发电照明车、潜水电泵整机核心技术、喷射消防车、涡喷消防车等已达到世界先进水平。液态二氧化碳灭火装置、排水快速管接头、井下探测机器人等技术装备取得了重大突破。创新研究、技术转移、成果转化、应用服务、资金保障、政府管理被认为是应急科技形成体系的路径。投入能力、研发能力、技术能力、服务能力是考量应急科技发展的主要指标。创新研究、成果转化、资金保障、应用服务则用于考察应急科技的支撑能力。现有研究认为，虽然应急科技已经覆盖了消防、地震、气象等应急领域，但我国的应急科技仍处于起步状态，一些重要的科技问题尚待解决。应急科技创新体系不完整、应急科研成果转化困难、缺乏全局性沟通协调机制等常遭到诟病。

突发事件的预备、响应、救援、恢复时刻需要科技的参与。上述提到的人工智能、无线通信、供电照明、系统平台等相关产品已广泛出现在我国防灾减灾的工作中。在应急管理部成立的改革背景下，科技在应急管理事业中的地位将更为突出。以地质灾害为例，随着大数据科技的兴起，我国涌现出了大批基于监测设备、微处理单元、本地端移动终端、后台管理端、服务器端的地质灾害监测系统，可以对地震、滑坡、泥石流、地面沉降、火山喷发等多种地质灾害进行监控。建筑物的防御架构是建造地质灾害造成重大损失的重要屏障。通过加固和改造钢管、混凝土柱、钢梁、剪力传递板、加劲角钢耗能器、防御拉结筋等建筑环节，能够减少地质灾害损失，实现建筑物结构的防倒塌、可恢复，提高城市建设的经济性和安全性。地质灾害一旦发生，救援工作需要迅速而有效的开展。手持、下探、飞行等各类人体搜救设备和声波、红外、无线等信号传输设备的开发，加之灾区遥感影像智能采集措施的配合，为地质灾害的救援工作提供了极大的便利。用于地质灾害培训和宣传的场景模拟技术也不断提升，参与人能够切身感受地质灾害的情境和破坏，从而有利于救援人员水平的提升和普通民众逃生自保。

在汶川地震救援过程中，各种高新技术的应用发挥了重要的作用。在最初时间段内，大量饮食、被服、帐篷、担架、燃油、药品等救援物资和简易设备被空投进受灾区域。① 在道路抢修完成后，各类救援物资和设备大规模进入施救区域。在汶川地震救援中，多方救援力量通常使用的生命探测仪有三类：第一，热红外生命探测仪，主要通过人体所造成的温度差异来搜救；第二，光学生命探测仪，将探头深入缝隙中，通过传回的影像辨别生命体；第三，声波探测仪，探寻生命体自身及活动所发出的声音，经由震动传感器指示位置。用于撑顶重物的气垫、剪断钢筋交错的液压钳、照明效果突出的月球灯也是救援人员广泛使用的工具，在保障救援工作顺利开展、维护救援现场安全方面起到了重要作用。

在火灾监测、救援及相关演练、宣传中，科学的应用和普及也受到了极高的重视。为了防止火灾的发生，火灾探测器必不可少。随着科技的发展，基于温度、气体、光感等各类媒介的火灾探测器种类众多、使用便捷。除工商业生产、流通过程中严格防火、严控火灾外，科技的发展也使得家用厨卫更为现代化，并加入了各种智能化防控火灾的零件和系统。火灾发生后，防护设备和灭火装置的使用尤为重要。各类防护服、缓降器、安全背包、逃生面巾的研发，增加了灾民逃生概率的同时，也降低了火灾对人体的危害。火灾救援车向着集成度高、救援快速高效的方向发展，并且加入了利用无人机向火灾现场投放消防用品的功能。在火灾救援过程中，无人机还能够记录现场环境和障碍物信息并发送至控制中心，通过雷达生命探测仪搜救被困人员。用于消防训练的场地设施和火灾现场采访、发布信息的手段也更加现代化。

科技减灾不仅是我国国民安全的保障，也是我国经济增长和城市发

---

① 牟笛，陈安. 汶川地震救援中的优先原则与安全管理［J］. 中国应急救援，2018（3）：15-19.

展的重要基石。发展应急产业，能够推进我国市场融合发展，培育新的经济增长点，提升我国技术装备的核心竞争力。现代社会，城市功能扩展要求防灾减灾技术的提升，为打造宜居城市提供基本条件。整合防灾减灾科技资源，提升防灾减灾创新能力，促进创新成果应用和产业融合，将服务于我国科技强国事业的稳定发展和风险防控。

科技是防灾减灾的重要基础，是实现“关口前移”、减轻应急管理压力的重要途径。以科学技术为支撑，可以实现对各类突发事件和防灾减灾的认知、预警、评价、减缓。突发事件信息的实时获取、灾害的发展机理和规律、防灾机制设计、关键基础设施的缺陷识别和防护、抗灾能力评估标准建设、公众安全意识与应灾能力测评是自然灾害风险评估能力建设主要面对的挑战。为提升科技减灾能力，应用科技实现国家整体应灾实力的增强，应着眼于风险认知、预警系统、能力评价、减缓技术等方面的建设和完善。

自然灾害、事故灾难、公共卫生事件、社会安全事件的风险认知围绕我国常见的突发事件类型，揭示突发事件的发生发展机理、动态变化过程、时空分布规律，有效记录各种突发事件对基础设施、生态环境、社会系统的破坏程度和范围，明确突发事件的区域和链条，为防灾减灾提供依据。风险认知对突发事件的预警、应对、处置、恢复策略及过程予以全方位记录，有助于形成基本风险评估范式。突发事件预警系统是基于应急管理全过程的预测模型，进行准确实用的数值预测和数据处理。完善重大突发事件监测和预警的关键技术，能够提高对突发事件进行短期、中期、长期预测的能力。突发事件综合信息采集技术、多尺度动态信息处理技术、实时决策优化技术，可以将突发事件预警结果切实用于防灾减灾实践中。以科技为支撑的应急能力评价分为事前、事中、事后三个阶段。事前评价按照科学的程序和方法，对潜在的危险进行预先的安全分析与评估，并在条件许可的前提下，以既定的指数、等级、概率做出定量的表示，为采取防护措施和开展应急行动提供科学的依据。伴随着事件的发展，各种潜在的不可预测因素干扰防灾减灾行动，应根据可减缓性、可挽救性、可恢复性自然灾害风险事中评价结果做出战略性调整。事后评价是在自然灾害应急处置结束后，应用科学的指标体系对突发事件造成的影响进行整体评估。

科学测度风险与能力，一方面需要识别风险事件和风险源，另一方面需要确定应对风险的能力，并且要合理把握二者之间的关系。风险识别和预警中最重要的过程就是识别风险事件和风险源、每个风险源的权重以及它们之间的关系。灾害风险模型相关研究大多是从某类具体的灾害或某一行业的灾害入手，如地震、台风、种植业自然灾害等。模糊集方法能够对城市地震灾害风险评价进行数学建模，计算承灾体受灾程度的可能性分布。地震风险评估模型在金融保险业和土木工程两大领域有广泛的应用，评估模型中地震灾害部分通常包括致灾因子模块及孕灾环境模块。从灾害的数学模型表达式来看，灾害风险可定义为成灾后果与预防水平之间的差异，可以表示为“灾害风险=灾害风险概率×一次灾害可能损失”。当引入灾害和承灾体之间关系这一维度时，需要在灾害风险模型中引入表示二者之间关系的变量，并且分析这一变量和风险大小之间的关系，并在此基础上进行模型的矩阵扩展。这种模型可以用于分析一种灾害源多种承灾体、多种灾害源一种承灾体、多种灾害源多种承灾体的风险大小。

用于认知自然灾害、事故灾难、公共卫生事件、社会安全事件风险的方法众多，一般采用实际测量、统计数据，结合运算模型展现量化结果。自然灾害风险地图用以反映社会安全程度，提高应急工作的发展与成效，高效化应急准备，提高生存机会。自然灾害风险地图以省区为单位，分级认知我国自然灾害风险。科技在应急管理领域的应用遍及自然灾害、事故灾难、公共卫生事件、社会安全事件。

自然灾害风险地图的计算模型将灾害综合风险指标体系结构分为自然灾害危险性和承灾体脆弱性两方面。自然灾害危险性是指造成灾害自然变异的程度，主要是由灾变活动规模、强度和活动频次、概率决定。灾变强度越大，频次越高，灾害所造成的破坏损失越严重，灾害的风险也越大。承灾体的脆弱性是指在给定危险地区存在的所有人、物可能被危险因素伤害而造成损失的程度。承灾体的脆弱性愈低，灾害损失愈小，灾害风险也越小，反之亦然。承灾体的脆弱性包含三个指标——敏感性、应对能力、适应性。敏感性是指可能受到危险因素威胁的所有人和物，如人员、牲畜、房屋、农作物、生命线等。一个地区暴露于各种危险因素的人和物越多，受灾财产价值密度越高，可能遭受的潜在损失就越大，区域脆弱性就越高。应对能力指的是一个地区应对灾害的水平，一般体现于负责应急管理职能部门应对风险灾害的能力，包括应对灾害的人力资源、财力资源、物资资源等。应对能力越高，区域越能在灾害发生时尽可能地减轻灾害损失，区域脆弱性越低。适应性表示受灾区域在长期和短期内能够从灾害中恢复的程度以及适应未来自然事件和气候变化的能力，也可以称之为恢复力或调整力，包括社会自然和社会的条件、减灾投入、资源准备等。适应性越高，区域从灾害中恢复的时间越短，区域脆弱性也越低。

减缓技术是直接影响防灾减灾效果的一线工程。以突发事件定性、定量评价模型为基础，建设突发事件监测、预警平台，加快应急技术体系的发展，为防灾减灾提供科学依据。科技减灾的技术建设应侧重于突发事件概率、强度、区域的展现，通过科技平台实现突发事件的综合风险分析和决策体系建设。

# 参考文献

## 一、专　著


1. ［英］爱德华・伯内特・泰勒. 原始文化［M］. 连树声，译. 上海：上海文艺出版社，1992.
2. 曹树基，葛剑雄. 中国移民史［M］. 上海：复旦大学出版社有限公司，2022.
3. 陈安，陈宁，倪慧荟. 现代应急管理理论与方法［M］. 北京：科学出版社，2009.
4. 陈安，陈宁，武艳南. 现代应急管理技术与系统［M］. 北京：科学出版社，2011.
5. 陈安，陈樱花，韩玮. 为了万家灯火：中国共产党百年抗灾史［M］. 杭州：浙江科学技术出版社，2021.
6. 陈安，马建华，李季梅，等. 现代应急管理应用与实践［M］. 北京：科学出版社，2010.
7. 陈安，牟笛. 中国灾难文化：社会・历史・文艺［M］. 北京：中国科学技术出版社，2019.
8. 池子华. 流民问题与社会控制［M］. 南宁：广西人民出版社，2001.

9. 池子华. 中国流民史　近代卷［M］. 武汉：武汉大学出版社，2015.
10. 邓云特. 中国救荒史［M］. 上海：东方出版中心，2020.
11. 杜瑜. 中国人人格地图［M］. 北京：金城出版社，2010.
12. 高文学. 中国自然灾害史（总论）［M］. 北京：地震出版社，1997.
13. 何绵山. 闽文化概论［M］. 北京：北京大学出版社，1996.
14. 黄典剑，李传贵. 突发事件应急能力评价［M］. 北京：冶金工业出版社，2006.
15. 黄寰，罗子欣. 不能忘却的灾难［M］. 北京：北京联合出版公司，2012.
16. 江立华，孙洪涛. 中国流民史（古代卷）［M］. 武汉：武汉大学出版社，2017.
17. 蒋超. 中国古代水利工程［M］. 北京：北京出版社，1994.
18. 李树江. 回族民间文学史纲［M］. 银川：宁夏人民出版社，1989.
19. 刘小树. 中国古代情报战争史［M］. 北京：北京燕山出版社，2008.
20. 刘亚虎. 南方史诗论［M］. 呼和浩特：内蒙古大学出版社，1999.
21. 毛振培，谭徐明. 中国古代防洪工程技术史［M］. 太原：山西教育出版社，2017.
22. 孟昭华. 中国灾荒史记［M］. 北京：中国社会出版社，1999.
23. 屈小强. 巴蜀文化与移民入川［M］. 成都：巴蜀书社，2009.
24. 王俊祥，王洪春. 中国流民史（现代卷）［M］. 武汉：武汉大学出版社，2015.
25. 王世梅. 流徙文化论［M］. 西安：西北大学出版社，2016.
26. 王雨吟，潘俊豪. 面对灾难——人类的内在力量［M］. 广州：中山大学出版社，2020.
27. 吴烁. 中国流民研究［M］. 北京：学苑音像出版社，2004.

28. 笑蜀，蒋兆勇. 流民、游民与社会动荡［M］. 广州：广东人民出版社，2009.

29. 徐燕琳. 广东传统非物质文化［M］. 广州：暨南大学出版社，2012.

30. 余大钧. 蒙古秘史［M］. 石家庄：河北人民出版社，2001.

31. 詹小美. 民族精神论［M］. 广州：中山大学出版社，2007.

32. 张丽萍. 灾难心理学［M］. 北京：人民卫生出版社，2009.

33. 赵声良. 敦煌石窟艺术简史［M］. 北京：中国青年出版社，2016.

34. 郑彭年. 丝绸之路全史［M］. 天津：天津人民出版社，2016.

## 二、期刊论文

1. 蔡林. 国外的环境移民问题及启示［J］. 生态环境学报，2012，21（5）.

2. 陈勇，罗勇. 我国历史灾害移民及相关政策研究［J］. 西部发展评论，2014（1）.

3. 陈勇. 对灾害与移民问题的初步探讨［J］. 灾害学，2009，24（2）.

4. 丁李，居瑶. 中国古代哲学与治水实践的关系探讨［J］. 山西大同大学学报（社会科学版），2022，36（3）.

5. 桂慕文. 中国古代自然灾害史概说［J］. 农业考古，1997（3）.

6. 何得桂，鄢闻. 灾害风险视域下避灾移民的迁移机理与现状及对策［J］. 农业现代化研究，2014，35（3）.

7. 何生兵，朱运亮. 极端气候变化背景下灾害移民的社会适应策略探析［J］. 水利经济，2019，37（5）.

8. 胡子江，施国庆，严登才. 从灾害经济学视角探讨避灾移民及其风险管理策略［J］. 西部学刊，2018，(2).
9. 蒋红群. 灾难的社会性成因及其影响［J］. 哲学动态，2022（7）.
10. 李保俊，袁艺，邹铭，等. 中国自然灾害应急管理研究进展与对策［J］. 自然灾害学报，2004（3）.
11. 历品良. 移民视域下东北民众的心态史学研究［J］. 西部学刊，2022（4）.
12. 凌礼潮. “江西填湖广”与“湖广填四川”比较研究刍议［J］. 北京科技大学学报（社会科学版），2014，30（1）.
13. 刘小敏，薛永贤. 粤人下南洋的历史影响与现实启迪［J］. 岭南学刊，2009（5）.
14. 刘毅，杨宇. 历史时期中国重大自然灾害时空分异特征［J］. 地理学报，2012，67（3）.
15. 马强. 图像媒介与地域文化空间形象的建构［J］. 内蒙古大学学报（哲学社会科学版），2009，41（5）.
16. 裴卿. 自然灾害与移民：一个中国历史上农民的被动选择［J］. 中国科学：地球科学，2017，47（12）.
17. 施国庆，郑瑞强，周建. 灾害移民的特征、分类及若干问题［J］. 河海大学学报（哲学社会科学版），2009，11（1）.
18. 唐若玲. 海南人下南洋的历史考察［J］. 南海学刊，2015，1（3）.
19. 汪晓萍. 中华传统灾难文化的心理创伤应对机制研究［J］. 西南民族大学学报（人文社会科学版），2022，43（6）.
20. 王建华. 自然灾害与民间信仰的区域化分异［J］. 中国历史地理论丛，2018，33（2）.
21. 王俊鸿. 试论少数民族灾难移民中文化变迁［J］. 贵州民族研究，2013，34（1）.

22. 王绍玉，唐桂娟. 综合自然灾害风险管理理论依据探析 [J]. 自然灾害学报，2009，18（2）.

23. 王思亓. 灾难移民的心态、记忆与适应现状 [J]. 民族学刊，2020，11（5）.

24. 吴士勇. 古代治水、开河与通漕的历史逻辑 [J]. 深圳大学学报（人文社会科学版），2018，35（2）.

25. 夏明方. 大数据与生态史：中国灾害史料整理与数据库建设 [J]. 清史研究，2015（2）.

26. 杨玉东. 气候的变迁与中国古代王朝的兴衰 [J]. 中学历史教学参考，1996（6）.

27. 叶琳. 灾害视角下“流民心态”对文化融合的影响 [J]. 现代交际，2017（3）.

28. 张细兵. 中国古代治水理念对现代治水的启示 [J]. 人民长江，2015，46（18）.

29. 张友全. “闯关东”移民潮与黑龙江经济社会发展 [J]. 黑龙江民族丛刊，2020（4）.

30. 张慧军. “走西口”及其相关问题研究综述 [J]. 职大学报，2017（5）.

31. 周炎炎，杨世箐. 灾害移民社会适应研究：方法论、理论视角和分析框架 [J]. 湖南社会科学，2016（4）.

## 三、学位论文

1. 白冰莹. 国内灾难文学的传播途径研究 [D]. 武汉理工大学，2019.

2. 金玉洁. 灾难记忆的塑造与传递过程研究［D］. 西南民族大学，2017.

3. 李永杰. 应对重大事故灾难中的民族精神研究（1949—2021 年）［D］. 河南大学，2021.

4. 马国喜. 自然灾害与移民冲突［D］. 山东大学，2006.

5. 王嘉悦. 中国灾难文学及其流变［D］. 吉林大学，2016.

6. 王伟. 我国民间抗灾故事母题的生态文化意义研究［D］. 山东理工大学，2022.

7. 张舒悦. 自然灾害与移民互动［D］. 广西师范大学，2019.